U0182203

与蝠同行

蝙蝠 自然与人

陈民镇 编著
科学顾问 张劲硕

中国科学技术出版社
·北 京·

图书在版编目（CIP）数据

与蝠同行：蝙蝠、自然与人 / 陈民镇编著 . — 北京：中国科学技术出版社，2021.1

ISBN 978-7-5046-8823-1

Ⅰ. ①与… Ⅱ. ①陈… Ⅲ. ①翼手目—普及读物 Ⅳ. ① Q959.833-49

中国版本图书馆 CIP 数据核字 (2020) 第 203404 号

策划编辑　秦德继　周少敏　王晓平
责任编辑　王晓平　符晓静
封面设计　中科星河
正文设计　中科星河　中文天地
插图绘制　中科星河
责任校对　邓雪梅
责任印制　徐　飞

出　　版　中国科学技术出版社
发　　行　中国科学技术出版社有限公司发行部
地　　址　北京市海淀区中关村南大街 16 号
邮　　编　100081
发行电话　010-62173865
传　　真　010-62173081
网　　址　http://www.cspbooks.com.cn

开　　本　880mm × 1230mm　1/32
字　　数　170 千字
印　　张　8.125
版　　次　2021 年 1 月第 1 版
印　　次　2021 年 1 月第 1 次印刷
印　　刷　北京博海升彩色印刷有限公司
书　　号　ISBN 978-7-5046-8823-1 / Q · 225
定　　价　68.00 元

前言
PREFACE

大约在 6500 万年前，恐龙退出了地球的舞台，一个哺乳动物空前繁盛的时代随之到来。本书的主角——蝙蝠，也在那时应运而生。

作为世界上唯一能飞行的哺乳动物，蝙蝠以其超强的适应能力，在地球的各个角落开枝散叶，最终发展成哺乳动物界仅次于啮齿类的第二大家族，堪称演化史上的奇迹。

在人类崛起之前，蝙蝠已经存在了数千万年。而随着智人的扩张，我们的先民自然会不断地与蝙蝠邂逅。无论是在热带雨林，抑或在深山、高原和荒漠，蝙蝠始终与人类同行。有的蝙蝠，更是与人类生活在同一屋檐之下。

但蝙蝠始终未能成为人类的密友。或许是因为蝙蝠行踪诡秘、外貌奇异，有些人对它们唯恐避之不及。世界上有 1400 多种蝙蝠，不同蝙蝠的形貌、习性各异。不少人对蝙蝠的误解与偏见，往往来自某种片面的印象。

在不同的文化中，蝙蝠被赋予了不同的内涵：或是邪魅的化身，或是代表福气的符号。这些主观的设定，并不能反映真实的情形。在一些地区，蝙蝠甚至因“福”得祸，沦为人类的食材或药材。

蝙蝠与鸟类、老鼠是什么关系？

蝙蝠吸血吗？

蝙蝠是如何飞向天空的？

蝙蝠为什么喜欢倒挂着休息？

蝙蝠是瞎子吗？

雷达的发明是否与蝙蝠有关？

有的蝙蝠何以拥有逆天的寿命？

蝙蝠果真长期发高烧吗？

蝙蝠为什么会百毒不侵？

蝙蝠果真是病毒库吗？

蝙蝠身上的病毒是如何进入人类社会的？

蝙蝠在不同文化中扮演着什么角色？

蝙蝠为什么会沦为食材和药材？

……

神秘的蝙蝠身上有许多谜团，等待着人类去走近它们，了解它们。

近半个世纪以来，新发传染病频频出现。而一些新发传染病病原体的自然宿主被指向蝙蝠，不少人因此谈“蝠”色变。

其实，蝙蝠是一种极其低调的动物。它们大多避居洞穴，昼伏夜出，与人类少有交集。与人类关系密切的“家蝠”，也早已适应了人类的生活，而且蝙蝠身上的病毒，通常并不能直接传染给人类。

因此，我们并不能简单地把蝙蝠或其他野生动物认定为传染病流行的罪魁祸首。很多时候，一次又一次令病毒叩响人类社会大门的，正是人类干扰甚至破坏生态环境的行为。

蝙蝠是生态链中极为关键的一环。它们是夜行性昆虫的最主要控制者，是农业的守护者，许多植物的授粉、播种、施肥乃至森林的再生也极度依赖蝙蝠。地球不能没有蝙蝠。

人类的历史，可以说是一部与其他生灵共享地球资源的历史。但很多时候，以“万物之灵长”自居的人类挤占了过多的空间。人类对大自然的不断索取以及对蝙蝠的捕杀、滥食，已经导致许多种类的蝙蝠濒临灭绝。有的种类，已经永远离开了地球。

除了蝙蝠，还有许多野生动物因人类的干扰而陷入生存危机。而人类在面对各种生态危机后也开始反思，已经有越来越多的人认识到：保护野生动物，也是在保护人类自己。

蝙蝠是一扇窗口。蝙蝠不是明星物种，容易被人们所忽视，但它们又的的确确是地球上极其重要的一大类群。蝙蝠的生存困境，折射出了所有野生动物的困境。通过认识蝙蝠，我们得以重新审视人与自然的关系。

在我们走近蝙蝠的同时，也请与蝙蝠保持安全的距离。敬畏自然，敬畏野生动物，才是对它们最大的尊重，也是对人类自身最好的保护。

目录
CONTENTS

蝙蝠的别名

[服翼]

[伏翼]

[蠘蠼]

[仙鼠、飞鼠与天鼠]

[檐老鼠或盐老鼠]

[燕巴虎及其他]

我们通常所说的"蝙蝠"，或者英文中的bat，并非单纯地指某种动物，而是一大类动物的总称。全世界有1400多种蝙蝠，不同种类的蝙蝠，面目、习性各异，不可一概而论。

"蝙蝠"一名，在中国现存最早的词典、大致成书于战国时期的《尔雅》中就已经出现。秦代的周家台秦墓简牍写作"扁蝠"，西汉时期的马王堆汉墓帛书《五十二病方》写作"扁辐"，这些都是"蝙蝠"的通假。

除了"蝙蝠"，蝙蝠是否还有其他名号呢？其实，蝙蝠的别名还真不少。

1

服 翼

《尔雅·释鸟》:“蝙蝠，服翼。”

《尔雅》在介绍蝙蝠时，还提到了它的别名：服翼。中国现存最早的字典、东汉许慎（58—147年）所编的《说文解字》也写道：

蝙蝠，服翼也。

西汉时期的银雀山汉墓简牍《相狗方》，便将蝙蝠写作“服翼”。

西汉的扬雄（公元前53—18年）在《方言》一书中指出：

蝙蝠，自关而东谓之服翼。或谓之飞鼠，或谓之老鼠，或谓之仙鼠。自关而西秦陇之间谓之蝙蝠，北燕谓之蟙蠌。

《方言》是中国最早的一部比较方言词汇的著作，扬雄在书中记载了不同地域的人对蝙蝠的称呼。根据扬雄的说法，在函谷关（位于今河南省三门峡市境内）以东的人管蝙蝠叫“服翼”，函谷关以西到陕西、甘肃一带的人则称之为“蝙蝠”。

与扬雄差不多同时，刘向（公元前77—公元前6年）在《新序·杂事五》中写道：

黄鹄白鹤，一举千里，使之与燕服翼试之堂庑之下，庐室之间，其便未必能过燕服翼也。

意思是：天鹅、白鹤这样的鸟虽然能一飞冲天，但如果让它们与占据“地利”的燕子和服翼在屋檐下竞逐，则不一定有优势。这里所说的“服翼”，便是指寄居在人类屋檐下的蝙蝠。

2

伏 翼

《唐本草》:“伏翼，以其昼伏有翼尔。”

“服”与“伏”可以相通，因此“服翼”又写作“伏翼”。其实，“伏翼”才是更为正确的写法。成书于唐代的《唐本草》解释道:

伏翼，以其昼伏有翼尔。

据此，蝙蝠之所以被称作“伏（服）翼”，与其昼伏夜出的习性有关。

在中国的古书中，“伏翼”与“蝙蝠”是近义词。但根据现代生物学的分类，“伏翼”是翼手目动物（即通常所说的蝙蝠）中一个属的名字，与古书中的“伏翼”并不是一回事。伏翼属归入蝙蝠科，蝙蝠科又归入翼手目。伏翼属的蝙蝠与人类关系密切，在中国、日本常见的有东亚伏翼（拉丁学名：*Pipistrellus abramus*，英文名：Japanese pipistrelle bat，又称东亚家蝠、日本伏翼）等种类。它们常趴在旧式房屋的屋檐、天花板和墙缝等处，又被称为“家蝠”。古人将蝙蝠称为“伏翼”，应该源自对这些家蝠习性的认识。

唐代诗人卢照邻（约635—约685年）有诗云:

何异夫操太阿以烹小鲜，飞夜光而弹伏翼。

——《五悲·悲才难》

“夜光”指宝珠。诗句的意思是：用宝珠来弹射伏翼，则无异于拿着“太阿”这种宝剑来烹饪小鱼，是大材小用的表现。

明代的李时珍（1518—1593年）在《本草纲目·禽二·伏翼》中，对蝙蝠的外貌和习性作了较全面的描述：

伏翼形似鼠，灰黑色，有薄肉翅连合四足及尾如一。夏出冬蛰，日伏夜飞。食蚊蚋。

说的是蝙蝠形似老鼠，颜色灰黑，有翼膜连接四肢和尾巴，昼伏夜出，还会冬眠，以蚊虫为食。李时珍将蝙蝠称为“伏翼”，并误将其归入鸟类。

浙江有些地方（如永康、丽水、温州）的方言将蝙蝠称作“皮叶”或“皮翼”，对应的便是古人所说的“伏翼”。

【东亚伏翼】

3

蟙蠌

扬雄《方言》:“蝙蝠……北燕谓之蟙蠌。”

扬雄在《方言》中还指出:“蝙蝠……北燕谓之蟙蠌。”据此，今河北一带的人将蝙蝠称作“蟙蠌”。西晋时期的郭璞（276—324年）在注释《尔雅》时写道:“齐人呼为蟙蠌。”则认为今山东地区的人称蝙蝠为“蟙蠌”。

“蟙蠌”读作 zhí mò，“蠌”又写作“蟔”。这显然是一个相当冷僻的名字。有人认为，蝙蝠之所以又叫“蟙蠌”，可能与蝙蝠善于在黑暗中飞翔有关，“蟙蠌”由“识（繁体字作‘識’）墨”演变而来。

4 仙鼠、飞鼠与天鼠

崔豹《古今注》:“蝙蝠，一名仙鼠，又曰飞鼠。”

郭璞在注释《尔雅》时还说道:

或谓之仙鼠。

扬雄在《方言》中也有相同的表述。据此，蝙蝠又叫“仙鼠”。

西晋时期的崔豹（生卒年不详）在《古今注》中记载:

蝙蝠，一名仙鼠，又曰飞鼠。五百岁则色白而脑重，集物则头垂，故谓为倒挂鼠。食之得仙。

古人认为，蝙蝠有仙气，吃了可以升仙，因此称为“仙鼠”。

南北朝时期的鲍照（414—466年）在《飞蛾赋》中写道:

仙鼠伺暗，飞蛾候明。

说的是仙鼠（蝙蝠）等待黑暗，伺机出动；飞蛾则扑火，向往光明。飞蛾跟蝙蝠一样都属于夜行动物，也是许多蝙蝠的捕食对象。其实，飞蛾之所以扑火，并非因为它们喜欢灯火，而是由于它们被人造光源干扰了飞行方向。

唐代诗人李白（701—762年）的《答族侄僧中孚赠玉泉仙

【洞穴中的“仙鼠”（图为白腹管鼻蝠）】

人掌茶》写道：

常闻玉泉山，山洞多乳窟。仙鼠如白鸦，倒悬清溪月。

李白在这首诗的序中引用了道家经典中的文字：

蝙蝠一名仙鼠，千岁之后，体白如雪，栖则倒悬，盖饮乳水而长生也。

这便是李白将蝙蝠称作“仙鼠”的依据。

根据扬雄《方言》和崔豹《古今注》的记载，蝙蝠又叫“飞鼠”，现在广东、广西、湖南和福建等地的一些人仍然称蝙蝠为“飞鼠”。此外，属于啮齿动物的鼯鼠也有“飞鼠”的别名。鼯鼠可以在树林间滑翔，但没有蝙蝠那样真正的飞行能力。与蝙蝠一样，鼯鼠也是昼伏夜出的动物。

蝙蝠还被称为“天鼠”。据现藏法国的敦煌写卷《五藏论》记载：“天鼠煎膏巧疗耳聋。”“天鼠”即蝙蝠。此外，《本草纲目》也将蝙蝠称作“天鼠”。

由于蝙蝠形似老鼠，可以飞翔，因此有人认为蝙蝠是有灵性的动物，并将蝙蝠称作“仙鼠”“飞鼠”或“天鼠”。在英语中，蝙蝠叫 bat 或 flittermouse，flittermouse 的意思是“飞鼠”；类似的还有在德语中的 Fledermaus、瑞典语中的 fladdermus、中古荷兰语中的 fleddermuys。此外，在西班牙语中，蝙蝠被称为 murciélagos，意思是瞎老鼠；在法语中，蝙蝠被称为 chauve-souris，意思是秃头老鼠。可见，蝙蝠与老鼠是近亲的观念，在世界上许多地方都颇为流行。

5

檐老鼠或盐老鼠

其实，“盐老鼠”由“檐老鼠”音变而来

由于有的蝙蝠常栖息在屋檐下，所以蝙蝠又被赋予了“檐老鼠”或“檐耗子”的名号。这种称呼在湖北、湖南、四川、贵州、江西、安徽、河北和河南等地都比较常见。山东、河北和河南某些地区的人，还称蝙蝠为“檐蝙蝠”（或音变为“檐眠蝠”“檐面虎”“檐马虎”“檐皮婆”等）。

在一些地方，如贵州和云南等地，有人则将蝙蝠称为“盐老鼠”“盐耗子”或“盐蝙蝠”，并流传着老鼠偷吃盐（或偷吃油）后变成蝙蝠的民间传说。其实，“盐老鼠”是从“檐老鼠”音变而来的。蝙蝠并不吃盐，老鼠偷吃盐变蝙蝠的故事是在以讹传讹基础上的演绎。

【与人类关系密切的“家蝠”】

6

燕巴虎及其他

各地方言对“蝙蝠”的不同叫法，基本上是对“蝙蝠”“老鼠”“檐”“夜”等字眼所做的不同组合

许多方言对蝙蝠的称呼很古怪，其实都是由“蝙蝠”音变而来的。如福建、广东等地方言中的“别婆”“壁婆”“壁蒲”“壁袍”“蝙蟧”“密婆”“日婆”“壁婆子”“琵婆壁”“琵琶兜壁”“琵琶檐”“琵琶燕”“檐皮婆”等，这些记音对应的都是“蝙蝠”或“檐蝙蝠”。

在语言学中有一条规律，叫“古无轻唇音”。虽然现代汉语中的“蝠”读作 fú，但汉语在最初是没有 f 这个声母的，f 便是一种轻唇音。现在声母为 f 的字，最初它们的声母通常是 b 或 p。一些南方方言仍保留了一些古音，这也是“蝠”在许多南方方言中读作“婆”“蒲”“琶”“袍”“蟧”等字的原因。同样的，浙江有些地方仍保留了“伏翼”的古称，将蝙蝠称作“皮叶”或“皮翼”，“皮”便对应“伏”。

由于声母 f、h 也容易混淆，浙北、江苏、河南和山西等地的一些人则将“蝠”读作“虎”，如“壁虎”“壁虎子”等。在天津等地，人们常将蝙蝠称为“燕巴虎”。电影《疯狂的石头》中有这么一段对话：

道哥，你看我像个蝙蝠侠吗?

什么蝙蝠侠，也就是个燕巴虎吧!

北京以及山东等地的一些方言称蝙蝠为“燕么虎”“燕蝙蝠”“燕蝙虎”等。北京人可能会熟悉一句话:“你吃咸了小心变燕么虎!”为什么加上“燕”字呢? 有人认为，这是因为燕子与蝙蝠一样，颜色是深色的，又都喜欢栖息在屋檐下，容易让人将它们联想在一起。根据《本草纲目》的记载，蝙蝠又叫“夜燕”。也有人认为,“燕”与“盐”一样，也是由“檐”音变而来,“燕巴虎”其实就是“檐蝙蝠”。

有的北方方言，则在蝙蝠前面加“夜”。这与蝙蝠昼伏夜出的习性有关，如“夜蝙蝠”“夜别风”“夜别蝴”“夜标虎”“夜标飞”“夜壁虎”“夜壁蝠”“夜拍虎”“夜拍蝠”“夜灭虎”“夜蜜蜂儿”等，说的都是“夜蝙蝠”。甘肃、新疆的方言，则将蝙蝠称为“列蝙蝠”，同样源自“夜蝙蝠”。山西有些地方读作“亚撇蝠”，说的也是“夜蝙蝠”。福建有的地方则称蝙蝠为“夜婆(蝠)”。

此外，广东有些地方的人将蝙蝠称作“蝠鼠”，福建、浙江有些地方的人管蝙蝠叫“蝙蝠老鼠”。各地方言对“蝙蝠”的不同叫法，虽然具体发音不同，但基本是对“蝙蝠”“老鼠”“檐”“夜”等字眼所做的不同组合。

【暗夜精灵——长耳蝠】

蝙蝠家族

[世界上唯一能飞的哺乳动物]

[鸟兽之辨]

[哺乳动物中的第二大家族]

[最小、最大和最爱扎堆的蝙蝠]

[最古老的蝙蝠]

在动物界，蝙蝠可以说是一个大家族，包含了1400多个种。那么蝙蝠到底是什么性质的动物？它们与老鼠究竟有没有关系？蝙蝠是什么时候开始出现的？蝙蝠家族又包括哪些成员呢？下面，我们就来聊一聊蝙蝠家族。

1

世界上唯一能飞的哺乳动物

蝙蝠既非“飞禽”，亦非“走兽”

在生物学中，生物依照界、门、纲、目、科、属、种的分类方法加以分类。全世界的蝙蝠都属于动物界、脊索动物门、哺乳纲、翼手目。“翼手目”（Chiroptera）是全世界蝙蝠的总称，相当于“蝙蝠”。蝙蝠属于哺乳动物中的大家族，而且是世界上唯一能飞的哺乳动物，属于兽类。故它们既非“飞禽”，亦非“走兽”。

蝙蝠是哺乳动物，因此它们是胎生，并用乳汁哺育幼仔。它们的繁殖速度缓慢，是同等体型哺乳动物中最慢的。大多数蝙蝠一年只生一胎，每次只产一仔（有时两仔）。相应的，雌性蝙蝠通常只有一对乳头。个别种类的蝙蝠一次可生 3 仔或 4 仔，如生活在北美洲东部的赤蓬毛蝠（拉丁学名：*Lasiurus borealis*，英文名：eastern red bat）一次可产4仔甚至5仔，雌性蝙蝠有4个乳头。

小蝙蝠在出生后，通常对母亲极度依赖。有的雌性蝙蝠（如菊头蝠科、蹄蝠科、假吸血蝠科、鼠尾蝠科和凹脸蝠科）在生殖器附近有假乳头（不同于哺乳用的乳头），幼仔会紧紧搂住母亲并用乳齿叼住母亲的假乳头，甚至在母亲飞行时也是紧紧叼住不放。狐蝠等科的蝙蝠则没有假乳头，但有的也会携带幼仔一起飞行。对于其他许多种类的蝙蝠而言，蝙蝠妈妈在外出时并不会带上幼仔，而是将它们安置在安全的地方。在出生后 5 周或更长的时间，小蝙蝠便可独立飞行。

与其他哺乳动物相比，蝙蝠存在特殊的生殖现象：当遇到冬眠等食物不足的情况时，雌蝙蝠会先将雄蝙蝠的精子储存在生殖道中，延迟排卵，在冬眠苏醒后再排卵受精；或者延迟胚胎植入或发育。这有利于提高后代的存活率。

【携带幼仔飞行的狐蝠】

2

鸟兽之辨

曹植的《蝙蝠赋》称，蝙蝠“尽似鼠形”“谓鸟不似”

世界上许多地方的故事传说，都将老鼠与蝙蝠联系在一起，认为蝙蝠是由老鼠演变而来的。老鼠属于哺乳纲、啮齿目，蝙蝠属于哺乳纲、翼手目，二者差异明显。小翼手亚目的蝙蝠，的确形似老鼠（尤其是鼠耳蝠）；而大翼手亚目的蝙蝠，往往更像犬类动物。

由于蝙蝠外貌独特，因此在过去很长的一段时期内，人们对蝙蝠的归属并没有清晰的认识。中国的不少古书，便误将蝙蝠归入禽类。其他古代文明同样如此，如美索不达米亚文明将蝙蝠称作“洞穴中的鸟”，古埃及文明的壁画将蝙蝠与鸟视为同类，《旧约圣经》在列举不能吃的动物时，将蝙蝠与其他鸟类并列提及。生活在16世纪的意大利自然科学之父乌利塞·阿尔德罗万迪（Ulisse Aldrovandi，1522—1605年），也在其名著《鸟类学》（*Ornithologia*）中，将蝙蝠列为鸟类。直到18世纪，法国作家贝尔纳丹·德·圣皮埃尔（Bernardin de Saint-Pierre，1737—1814年）在其著作《自然之和谐》（*Harmonies de la nature*）中，仍对蝙蝠属于鸟类抑或兽类拿捏不定。

三国时期的曹植（192—232年）曾经写过一篇《蝙蝠赋》，

称蝙蝠“尽似鼠形”“谓鸟不似”，说的是蝙蝠长得像老鼠，虽然有翅膀，但说它是鸟吧，又不太像。曹植还说蝙蝠“不容毛群，斥逐羽族”，即蝙蝠既不被毛群（兽类）所接纳，也不受羽族（鸟类）的待见。

《伊索寓言》中的《鸟、兽和蝙蝠》记录了一个大家耳熟能详的故事，与曹植的说法颇为相似：

鸟类与兽类相争，蝙蝠置身事外。

鸟类来邀请蝙蝠：“来加入我们的阵营吧！”蝙蝠回答道：“我是兽类。”

兽类也来邀请蝙蝠，蝙蝠则回答：“我是鸟类。”

后来鸟类与兽类握手言和。蝙蝠去参加鸟类的庆祝仪式，被鸟类拒绝了。蝙蝠又想加入兽类，同样吃了闭门羹。

这则寓言讽刺蝙蝠是“墙头草”。《伊索寓言》中还有一则《蝙蝠和黄鼠狼》的故事：

一只蝙蝠跌落在地上，被一只黄鼠狼逮住，蝙蝠请求饶命。

黄鼠狼说自己平生最恨鸟类，绝不会放过蝙蝠。蝙蝠辩称自己是老鼠，不是鸟，于是被放了。

后来这只蝙蝠再度跌落在地上，被另一只黄鼠狼逮住，蝙蝠请求饶命。

这只黄鼠狼说自己平生最恨老鼠。于是蝙蝠说自己是鸟，而非老鼠，又再次逃过一劫。

这则故事同样是就着蝙蝠似鼠又似鸟的形象发挥的，故事中的蝙蝠是圆滑狡黠的形象。需要注意的是，由于蝙蝠起飞需

要从高处跃下滑翔，所以一旦跌落在地上便很难再次起飞，这也是这个寓言故事的创作依据。

唐人释道世所撰《法苑珠林》引《佛藏经》：

譬如蝙蝠，欲捕鸟时，则入穴为鼠；欲捕鼠时，则飞空为鸟。

说的是：当人们捕鸟时，蝙蝠便躲到洞里当老鼠；当人们抓老鼠时，蝙蝠便飞到空中当鸟。这与《伊索寓言》中的故事亦相接近。

明代冯梦龙（1574—1646年）所编的《广笑府》中，记载了一则叫《蝙蝠推奸》的故事：

凤凰庆寿，百鸟朝贺，唯蝙蝠不至。凤责之曰："汝居吾下，何倨傲乎？"蝠曰："吾有足，属于兽，贺汝何用？"

一日，麒麟生诞，蝠亦不至，麟亦责之。蝠曰："吾有翼，属于禽，何以贺与？"

麟凤相会，语及蝙蝠之事，互相慨叹曰："如今世上恶薄，偏生此等不禽不兽之徒，真个无奈他何！"

该故事讲述了百鸟之王凤凰和百兽之王麒麟庆生时，蝙蝠分别以自己非兽、非禽为由不去道贺，遂被凤凰和麒麟鄙视。不难看出，这则讽刺蝙蝠的故事与《伊索寓言》中的《鸟、兽和蝙蝠》《蝙蝠和黄鼠狼》有异曲同工之处。由于在冯梦龙的时代，《伊索寓言》已经通过利玛窦、金尼阁等传教士译介为汉文，故有人认为《广笑府·蝙蝠推奸》受到了《伊索寓言》的启发。

此类故事在世界各地流传，如中国云南、非洲尼日利亚和澳大利亚等地也有类似的传说。

3

哺乳动物中的第二大家族

蝙蝠（翼手目）家族可分为阴翼手亚目和阳翼手亚目，并可分为 21 个科

根据传统形态学的分类，蝙蝠（翼手目）家族可分为大翼手亚目（Megachiroptera）和小翼手亚目（Microchiroptera），并可分为 18 个科。

大翼手亚目只包含一个科，即狐蝠科（Pteropodidae）。狐蝠与小翼手亚目的蝙蝠在外形和习性上差别较大。因为大多数狐蝠没有回声定位的能力，且有类似于灵长类动物的高级视觉，所以有人认为狐蝠与灵长类动物拥有同一个祖先。

不过根据分子遗传学的分析可知，大翼手亚目和小翼手亚目仍属于同一个家族，有的被归入小翼手亚目的种类，反而与狐蝠关系更近。因而自 2001 年以来，研究人员又将翼手目分成阴翼手亚目（Yinpterochiroptera）和阳翼手亚目（Yangochiroptera），并细分为 21 个科。

阴翼手亚目包括狐蝠科以及菊头蝠超科（Rhinolophoidea），菊头蝠超科包括一般所说的菊头蝠科、蹄蝠科、假吸血蝠科、凹脸蝠科（又称猪鼻蝠科）、鼠尾蝠科以及新独立的三叉鼻蝠科。狐蝠与菊头蝠超科实际上有共同的祖先，尽管它们的外表

现在看起来差异很大。它们之间的分化大约发生在580万年前。

阳翼手亚目则包括大多数小翼手亚目的成员，被归并为鞘尾蝠超科（Emballonuroidea）、兔唇蝠超科（Noctilionoidea）和蝙蝠超科（Vespertilionoidea）。鞘尾蝠超科包括一般所说的鞘尾蝠科和夜凹脸蝠科（又称裂颜蝠科），兔唇蝠超科包括一般所说的叶口蝠科、髯蝠科、兔唇蝠科、烟蝠科、盘翼蝠科、短尾蝠科和吸足蝠科，蝙蝠超科包括一般所说的蝙蝠科、长腿蝠科、长翼蝠科、犬吻蝠科以及新独立的翼腺蝠科。

由于狐蝠的形态和习性的确与其他种类的蝙蝠存在较大差异，为了便于区分和讨论，本书仍会涉及大翼手亚目和小翼手亚目的传统分类。

依照不同的分类标准，蝙蝠科、属、种的数目都会存在出入。再加上不断发现的新种类，相关数据也在持续更新。根据最新的研究和统计，翼手目现存的21个科包含227个属，227个属包含1400多个种。蝙蝠的种类数量占到全世界哺乳动物种类数量（6500多种）的1/5以上，是仅次于啮齿目动物的第二大家族。不同蝙蝠的形态和习性都不尽相同，我们在认识到蝙蝠家族共性的同时，也要时刻注意它们的内部差异。“蝙蝠”并非一种动物，而是1400多种动物的总称。同时，“蝙蝠”也是翼手目动物中一个科的名字，蝙蝠科是翼手目中最大的一个科，包含500左右个种。

小翼手亚目（又称小蝙蝠亚目）的种类相对较多，有1200种以上，占蝙蝠家族中的大多数。它们广泛分布于全球的热带、

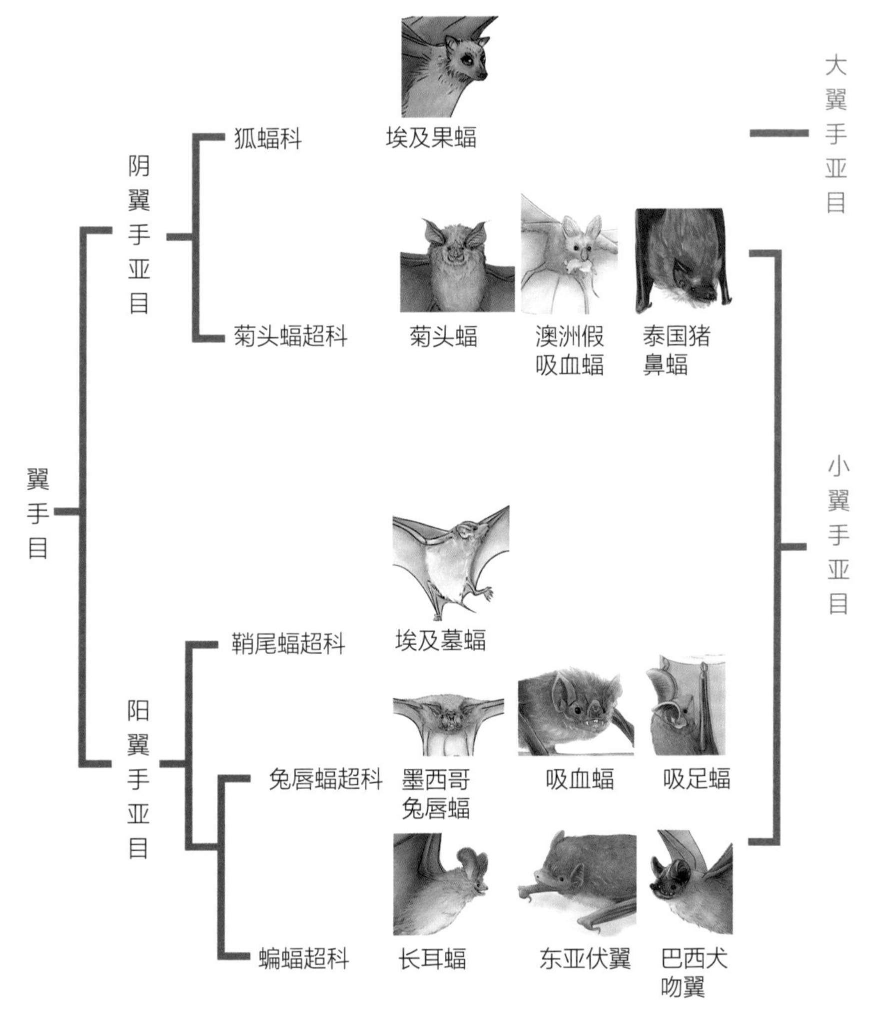

【蝙蝠家族示意】

注：每科之后所列蝙蝠种类仅是举例，并非该科全部种类。

亚热带和温带地区，大多依靠回声定位捕食昆虫，故大多可归为“食虫蝠”。也有的种类吃小型啮齿动物、鸟类、蛙、蜥蜴、鱼类，甚至吸血，还有的吃果实或吸食花蜜。小翼手亚目的蝙蝠一般听觉发达，视力退化，耳朵较大。有的种类的口部和鼻部为了适应回声定位而高度特化，如鼻孔周围长着叶子一样的结构，被称为“鼻叶”，此外还有复杂的褶皱。一些蝙蝠之所以看上去面部扭曲（如菊头蝠的鼻叶像菊花），甚至有些丑陋，实际上是为了捕捉猎物而牺牲了颜值。

【菊头蝠】

大翼手亚目（又称大蝙蝠亚目）下面只有一个科，那便是狐蝠科，英文名称为flying fox，直译为“飞狐”。它们有207种，主要分布在旧大陆的热带和亚热带地区，尤其是东南亚、南亚、非洲和大洋洲，不见于美洲和欧洲。如果不考虑外来物种，我国的狐蝠共有9种，主要分布于广西、广东、海南、福建和台湾等省（区、市）。狐蝠的体形相对较大，但也有小型的狐蝠，体形可能要比某些小翼手亚目的蝙蝠还要小。它们的口吻较长，牙齿没那么尖利，头部更像狐狸或小狗，尾巴很短或没有尾巴，不像小翼手亚目的蝙蝠那样有连接尾巴与后肢的尾膜。狐蝠通常以果实为食，所以又被称为“食果蝠”“果蝠”或“旧大陆果蝠”。除了广义的“果蝠”，“果蝠”同时也是狐蝠科下一个属的名字。狐蝠的视力较好，除了棕果蝠（拉丁学名：*Rousettus leschenaultii*，英文名：Fulvous fruit bat，又称印度果蝠）等少数的几种，大多没有回声定位的能力。

除了极寒冷的南极、北极以及一些孤立的海洋岛屿，蝙蝠几乎遍布世界各地。即便是青藏高原、西伯利亚或者撒哈拉沙漠，都可以见到它们的身影。蝙蝠是世界上分布范围仅次于人类的哺乳类，也是唯一不受地形限制的哺乳类。对环境超强的适应性以及不同蝙蝠种类之间的“语言隔阂”，是蝙蝠分化出众多种类的重要原因。纬度越低的地方，蝙蝠的种类越多。它们主要分布在热带和亚热带，以热带的种类最多。中美洲和南美洲的蝙蝠种类，几乎是全世界蝙蝠种类数量的 1/3。在我国，大约有 160 种以上的蝙蝠，以分布在长江以南地区的居多。

蝙蝠主要活跃于森林和深山，巢穴远离人类的视线，通常在人迹罕至的洞穴、岩石缝、树洞以及废弃的矿井之中，狐蝠有时还隐藏在树叶背后。有的蝙蝠，如蝙蝠科的伏翼属，也会栖息在人类旧式房屋的屋檐、天花板和墙缝等处；鞘尾蝠科墓蝠属的成员则栖息在山洞、树洞、矿洞、隧道以及被废弃的建筑物中，也包括坟墓。

4

最小、最大和最爱扎堆的蝙蝠

泰国猪鼻蝠与鼩鼱（qú jīng）是目前发现的世界上体形最小的哺乳动物

世界上最小的蝙蝠是泰国猪鼻蝠（拉丁学名：*Craseonycteris thonglongyai*，英文名：Kittis hog-nosed bat，又称基蒂氏猪鼻蝠、大黄蜂蝠），属于凹脸蝠科。到目前为止这一科仅发现这一种蝙蝠，直到 1973 年才为人所知。这种袖珍蝙蝠体长 3 厘米左右，翼展长约 15 厘米，体重约 2 克，仅相当于一枚 1 角钱硬币的质量。泰国猪鼻蝠与鼩鼱都属于世界上体形最小的哺乳动物。

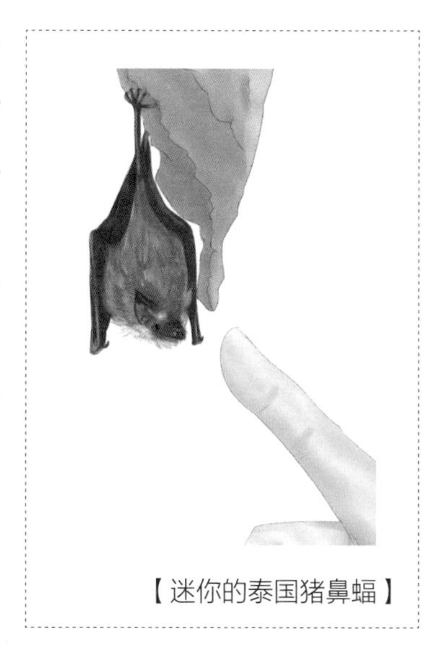

【迷你的泰国猪鼻蝠】

目前发现的块头最大的蝙蝠则是菲律宾果蝠（拉丁学名：*Acerodon jubatus*，英文名：Giant golden-crowned flying fox，又称鬃毛利齿狐蝠、金冠狐蝠）和马来大狐蝠（拉丁学名：*Pteropus vampyrus malaccensis*，英文名：Malayan flying fox），它们

的翼展可达 1.7 米，体重可达 1.2 千克。还好，这些大蝙蝠只吃素。

【蝙蝠中的大块头：菲律宾果蝠】

蝙蝠是群居动物，除了个别种类倾向于做暗夜中的独行侠，大多数种类更爱热闹、爱扎堆。蝙蝠洞里的蝙蝠往往高度密集，“蝠均居住面积”极低。巴西犬吻蝠（拉丁学名：*Tadarida brasiliensis*，英文名：Brazilian free-tailed bat，又称墨西哥犬吻蝠、巴西游离尾蝠、墨西哥游离尾蝠）更是以在居住环境高度密集著称。在美国得克萨斯州中南部城市圣安东尼奥附近的布兰肯（Bracken）洞穴中，巴西犬吻蝠的数量可达 2000 万只，这意味着一个洞中的蝙蝠数量相当于北京、上海等超大型城市的人口数量。该洞穴中成年蝙蝠的密度可达每平方米 1800 只，蝙蝠幼仔的密度更是达到每平方米 5000 只。对于密集恐惧症患者来说，这无疑是极可怕的画面。蝙蝠集体出洞或集体归巢的壮观景象，常吸引不少游客前来观看。位于广西壮族自治区桂平市的飞鼠岩，居住着中国最大的蝙蝠群，据说数量可达 1000 万只。它们会在秋天离开飞鼠岩，前往其他地方过冬。

5

最古老的蝙蝠

目前发现的最早的蝙蝠化石是出土于葡萄牙的先驱始祖翼蝠化石，距今约 5580 万年

距今 6500 万年左右，发生了中生代末白垩纪生物大灭绝事件，恐龙统治地球的时代结束了，地球进入古新世时期。在这一时期，哺乳动物开始崛起，蝙蝠便是其中的一个大类。根据分子遗传学的分析可知，蝙蝠大概起源于 6400 万年前，且所有蝙蝠的共同祖先与鲸、河马、猪、牛、马、鹿、犀牛、貘、狗、穿山甲和鼩鼱等动物有着较近的亲缘关系，均属于劳亚兽总目。但对于蝙蝠来说，鲸、河马和猪等动物最多是远亲。蝙蝠的祖先应该是一种食虫的小型树栖动物，最终演化出了飞行能力。与蝙蝠关系最密切的物种很可能已经灭绝，因而目前尚难以勾勒出明确的演化路径。

5600 万年前的古新世—始新世极暖时期导致全球植物、昆虫空前繁盛，这也促成了包括蝙蝠在内的食虫哺乳动物的快速演化。在始新世早期（距今 5780 万~ 5200 万年），已经出现高度接近现代蝙蝠的古蝙蝠。蝙蝠由于体形较小、骨架纤细，所以化石难以保存。始新世早期的化石在葡萄牙、法国、比利时、英国、美国、印度、澳大利亚、突尼斯和阿根廷等地多有发现，

这与当时蝙蝠种类和数量众多密切相关。

到目前为止所发现的蝙蝠化石中，除了涉及一些延续至今的科，还有一些已经灭绝的科（至少 7 个科），如爪蝠科（Onychonycteridae）、伊神蝠科（Icaronycteridae）、始祖翼蝠科（Archaeonycteridae）、海思亚蝠科（Hassianycteridae）、古翼蝠科（Palaeochiropterygidae）等。目前所发现的最早的蝙蝠化石是出土于葡萄牙的先驱始祖翼蝠（拉丁学名：*Archaeonycteris praecursor*）化石，距今约 5580 万年，它在 2009 年才为人所知。

美国怀俄明州绿河地层（著名的黄石公园附近）是美国最著名的古生物化石产地之一，发现于此的芬氏爪蝠（拉丁学名：*Onychonycteris finneyi*）化石和食指伊神蝠（拉丁学名：*Icaronycteris index*）化石，时代较早且保存完整，是研究蝙蝠演化的重要材料。它们的时代距今约 5250 万年。

芬氏爪蝠在 2008 年开始走入世人的视线，是一种由树栖哺乳动物过渡到蝙蝠的中间形态。与通常的蝙蝠前肢长、后肢短小的形态相比，芬氏爪蝠前肢较短，后肢则较长；其前肢的五根手指均保留着指爪，而通常的蝙蝠只有拇指保留指爪（狐蝠则保留拇指和食指的两个指爪），其他指爪都已经退化。尽管芬氏爪蝠四肢具有相对原始的特征，但解剖构造显示它们已经具备飞行的能力，同时在飞行的过程中还需要滑翔的辅助，体现出从滑翔向飞行过渡的特征。回声定位的构造，则并未在化石上体现。

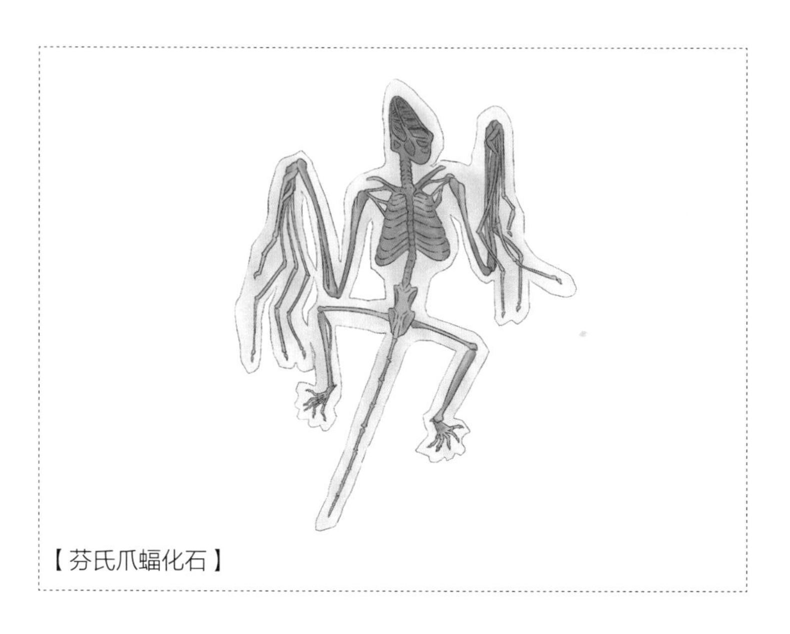
【芬氏爪蝠化石】

食指伊神蝠化石的材料公布于1966年。所谓“伊神”，即古希腊神话中的伊卡洛斯（Icarus）。相传伊卡洛斯与他的父亲代达罗斯（Daedalus，传说中的能工巧匠、米诺斯迷宫的建造者）戴上用羽毛和蜡制造的翅膀，逃离克里特岛。但伊卡洛斯飞得太高，翅膀上的蜡因太阳的照射而融化，最终坠海而死。食指伊神蝠的名字便来自这个悲壮的神话故事。而它的名字中之所以被冠以“食指”，是因为其前肢的食指仍保留着指爪，这反映了一种过渡形态。此外，它还留着较长的尾巴。

食指伊神蝠体长约14厘米，双翼展开达37厘米，体形与芬氏爪蝠相近。不过与芬氏爪蝠相比，食指伊神蝠的形态显然更加接近现代蝙蝠。解剖构造表明，食指伊神蝠不但具备飞行能力，还具备回声定位的构造。它的前肢较长，后肢则相对较短。这些特点，基本与现代蝙蝠无异。

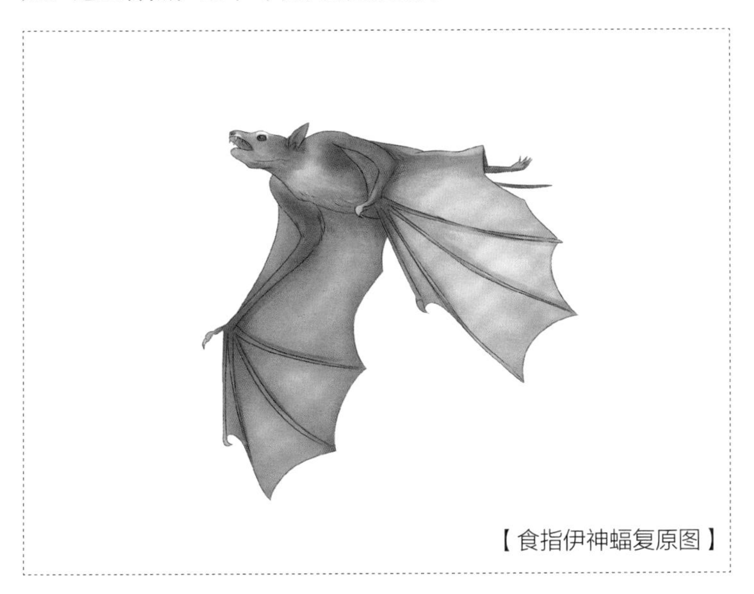

【食指伊神蝠复原图】

自 20 世纪 70 年代以来，德国麦塞尔湖湖床层发现了 7 种始新世中期（距今 5200 万~ 4360 万年）的蝙蝠，这是另一批保存相对完整的蝙蝠化石。它们包括 2 种始祖翼蝠、2 种古翼蝠、2 种海思亚蝠以及迅翼蝠（拉丁学名：*Tachypteron franzeni*），距今约 4700 万年。迅翼蝠属于鞘尾蝠科，这一科的蝙蝠因尾巴从附在后肢上的皮膜鞘里伸出而得名，至今仍活跃于地球上。发现于麦塞尔的这些古蝙蝠都可以飞行，且具有回声定位的解剖构造。研究人员通过其中一种古翼蝠和一种海思亚蝠残存色素体的分析，证明它们生前的颜色应该是红棕色的。

中国最古老的蝙蝠发现于山东省临朐县山旺村，此地以出产古生物化石著称。这种蝙蝠在1977年被著名古生物学家杨锺健（1897—1979年）先生命名为“意外山旺蝠”（拉丁学名：*Shanwangia unexpectuta*），时代在中新世中期（距今约1500万年）。之所以以“意外”命名，主要是由于当年杨锺健先生认为这只蝙蝠原来不生活在山旺，出现在当地纯属意外。当然，后来的发现表明，山旺一带在当时的确生活着蝙蝠群体。此外，在北京周口店等遗址，也发现了丰富的古蝙蝠化石。

以上化石，均属于小翼手亚目，相关化石散布于世界各地。与大翼手亚目相关的化石则相对缺乏，零星发现于泰国和法国等地，可追溯到始新世晚期（距今4360万~3660万年）至渐新世（距今3650万~2320万年）。中国的大翼手亚目化石可以追溯到中新世晚期（距今1160万~530万年），发现于云南禄丰。根据分子遗传学的分析，大翼手亚目可能最初形成于大洋洲。大约在580万年前，狐蝠从菊头蝠超科中独立出来。

蝙蝠吃什么

[食虫蝠：蝙蝠家族的大多数]

[蝙蝠中的“吸血鬼”]

[食肉的“假吸血蝠”]

[捕鱼小能手]

[采蜜的长舌蝠]

[食果蝠：素食主义者]

不同的蝙蝠有不同的食性。而不同的食性又造就了它们不同的面目。由于食物来源的多样化，蝙蝠的生理构造也呈现出不同程度的“特化”，即物种为适应某一独特的生活环境而形成局部器官特别发达的演化方式。其中，叶口蝠科的蝙蝠食性最杂，几乎具备了蝙蝠的所有食性。

蝙蝠的食量惊人，堪称动物界的“大胃王”。它们一顿饭的饭量，相当于一个人一口气吃20多个比萨饼。但摄取过多的食物显然不利于飞行，于是它们演化出了进食后迅速排泄的消化机制（鸟类也是如此）。虽然吃得多，但永远能轻装上阵。

1

食虫蝠：蝙蝠家族的大多数

世界上 70% 以上的蝙蝠都是食虫蝠

小翼手亚目的蝙蝠大多以昆虫为食，食虫蝠的种类占到全世界蝙蝠的 70% 以上。所有蝙蝠的祖先，应该是一种食虫的哺乳动物。在捕虫的过程中，一些蝙蝠发现了其他食物的妙处，便逐渐改变了食性，并造就了不同种类蝙蝠的不同面目。

从目前所发现的最古老的蝙蝠化石看，这些蝙蝠的前辈也都以昆虫为食。发现于德国麦塞尔湖湖床层的一些古蝙蝠化石，胃中尚有昆虫的残留物。这些残留物表明，不同的蝙蝠有各自的食谱：古翼蝠偏好小飞蛾与石蛾，海思亚蝠偏好甲虫和较大的飞蛾，始祖翼蝠则喜欢捕食甲虫。迅翼蝠以及发现于北美的芬氏爪蝠和食指伊神蝠，由于未发现胃中残留物，尚难以明确其食谱。但从牙齿的形态看，它们的食物也应该是昆虫。

蝙蝠昼伏夜出，大量的夜行性昆虫是食虫蝠的美食，从而避开了与大多数鸟类之间的竞争。为了适应夜间捕食的需求，以昆虫为食的蝙蝠演化出了回声定位的技能，通过口部或鼻部发送超声波、耳朵接收回声的方式对猎物进行精确定位。它们的牙齿较为锋利，能够啃咬甲虫这样的“硬骨头”。

食虫蝠所捕捉的昆虫有蚊子、苍蝇、蛾子、蚋、金龟子、黄瓜甲虫、地老虎、棉铃虫、喜绿蝽等。除了昆虫，有的蝙蝠还吃蝎子、蜘蛛等其他节肢动物。食虫蝠的猎物往往是对人体健康和农业生产有害的昆虫。因此，对人类而言，食虫蝠是益兽。它们通过发出超声波定位猎物，然后直接用口吞食，或者用翅膀将猎物拦截到口中，或者用尾膜像勺子一样将猎物兜到嘴里。一只 20 克的蝙蝠一晚上能吃掉 200 ~ 1000 只昆虫，可以说是高效的天然杀虫能手。

【捕食飞蛾的长耳蝠】

2

蝙蝠中的“吸血鬼”

世界上只有 3 种蝙蝠真的吸血

在西方的吸血鬼传说中，蝙蝠是吸血鬼的化身。尽管大多数蝙蝠以昆虫为食，但在现实中，的确存在吸血的蝙蝠。吸血蝙蝠仅限于生活在美洲大陆的 3 种，分别是普通吸血蝠（拉丁学名：*Desmodus rotundus*，英文名：common vampire bat）、白翅吸血蝠（拉丁学名：*Diaemus youngi*，英文名：white-winged vampire bat）和毛腿吸血蝠（拉丁学名：*Diphylla ecaudata*，英文名：hairy-legged vampire bat），均属于叶口蝠科下的吸血蝠亚科。

吸血蝠主要分布在美洲（尤其是南美洲）的热带和亚热带，普通吸血蝠和白翅吸血蝠的活动范围相对广泛，足迹可达温带区。这意味着，在发现美洲大陆之前，欧洲、亚洲、非洲等旧大陆的人是不会接触到吸血蝙蝠的。

白翅吸血蝠和毛腿吸血蝠的数量较少。其中，毛腿吸血蝠只攻击鸟类；白翅吸血蝠除了吸鸟类的血，也吸食哺乳动物的血；普通吸血蝠则主要攻击其他哺乳动物甚至人类，一般所说的吸血蝠，即指普通吸血蝠。

吸血蝠的个头不是很大，身长不到 9 厘米，翼展约 18 厘米，体重为 30 ~ 40 克。它们的牙齿高度特化，上门齿和下犬齿都很大，上犬齿锋利如刀片；臼齿小，已经丧失功能。这锋利的牙齿便是它们攻击哺乳动物的武器。

吸血蝠还具有很强的飞行能力以及迅速爬行、跑动和短距离跳跃的能力，在地面上移动的速度可达每秒 2.2 米，这主要归功于其特别强劲的拇指和后肢。而其他种类的蝙蝠，后肢则大多短小且缺乏力量，难以跑跳。

【嗜血的吸血蝠】

具备了强大的武器和飞檐走壁的能力，吸血蝠俨然是嗜血的杀手。它们会悄悄接近牲畜或人类（这些“猎物”通常是熟睡的状态），用鼻子上的热感受器寻找受害者表皮毛细血管富集的部位（如面部、颈部、背部、腿部、脚部），迅速咬出一个小口，其快狠准的刀法通常令受害者毫无知觉。它们的舌头也已经特化，舌头两侧的小槽便是用来吸血的管道。严格来说，吸血蝠并不是在“吸”血，而是在通过舌头两侧小槽的毛细作用汲取受害者的血液。

吸血蝠的唾液中含有一种抗凝血蛋白，可令受害者的伤口血流不止。吸血蝠喜欢当回头客，常常在下一次进食时寻找同一个猎物（如果是人，那就是同一个人）、同一处伤口下手，可以说是“逮着一只羊薅羊毛”。尽管吸血蝠并不会将受害者的血液榨干，但其唾液中的抗凝血蛋白往往会导致受害者持续大出血，最终致死。吸血蝠唾液中的抗凝血蛋白也是医学专家的研究对象，从中提炼出的成分可用于溶解血栓，效果极佳。

此外，由于有的吸血蝠携带有狂犬病病毒等多种病毒，受伤的牲畜和人类也可能会因感染致命的病毒而死。例如，在巴西、秘鲁、委内瑞拉等南美国家常有人被吸血蝠咬伤，甚至因此感染狂犬病身亡，故引发人们的大规模捕杀。

吸血蝠每次吸血，可持续二三十分钟。一只 34 克的吸血蝠，每晚大约能吸食 18 克的血液，相当于它自身体重的 50%。如此高的摄取量势必会影响飞行，因此吸血蝠的肾脏高度特化，在吸血后能迅速启动“排水模式”，将血液中的大部分水分以尿液的形式排出。之后，它们便飞回栖息地，消化经过浓缩的血液（尤其是血红蛋白）。因此，吸血蝠虽然吸食大量的血液，但仍能轻装飞行，这既能减少能量消耗，又能减少危险。

吸血蝠可谓“嗜血如命”。它们如果超过 60 小时没有血液可供吸食，便无法维持正常的体温，体重也会减少 25%。因此，吸血蝠必须不断寻找猎物，以维持自身的代谢。吸血蝠是集体性的动物，它们在巢穴中会互相梳理毛发，有的吸血蝠还会吐出一些血分享给未能进食的同伴。

吸血蝠的平均寿命为 12 年，其一生所吸的血液量可达 100 升。由 100 只蝙蝠组成的蝙蝠群，可在一年之内喝掉 25 头牛的血。

事实上，光依靠野生动物作为食物来源，吸血蝠常常会上顿不接下顿。随着马、牛、猪等家畜被引入美洲大陆，吸血蝠开始有了更加丰富而稳定的食物来源。因此，近 3 个世纪以来，它们的数量显著增加，对家畜养殖和人类健康构成了一定威胁。

3

食肉的“假吸血蝠”

食肉的蝙蝠进化出了更大的体形和更尖利的牙齿，堪称蝙蝠界的“顶级杀手”

假吸血蝠科和叶口蝠科中的有些种类属于蝙蝠中的食肉者。

假吸血蝠过去被误以为是吸血的蝙蝠。其实，它们吃肉，但不吸血。印度假吸血蝠（拉丁学名：*Megaderma lyra*，英文名：Indian false vampire bat）、澳洲假吸血蝠（拉丁学名：*Macroderma gigas*，英文名：Australian false vampire bat）、马来假吸血蝠（拉丁学名：*Megaderma spasma*，英文名：Lesser false vampire bat）和非洲假吸血蝠（拉丁学名：*Cardioderma cor*，英文名：Heart-nosed bat）便捕食其他小型动物，如其他种类的蝙蝠、啮齿动物、鸟、蛙、蜥蜴、鱼以及昆虫。它们体形中等，一双大耳朵尤其引人注目。与吸血蝠一样，它们长着较大的、锋利的上犬齿，臼齿退化。假吸血蝠鼻叶发达，且有不错的视力，捕捉猎物时主要依靠视觉和听觉。

澳洲假吸血蝠通常栖息在森林、沙漠中的洞穴、岩石裂缝乃至废旧的矿井里，因其偏白的颜色和特殊的食性而被当地人称为“幽灵蝙蝠”（Ghost bat）。澳洲假吸血蝠原先只吃大洋洲本土的鸟、蛙、壁虎、蜥蜴、其他种类的蝙蝠等小动物，随着一些外来啮齿动物登陆大洋洲，它们也开始像自己的亚洲亲戚们一样，捕食小型啮齿类动物。采矿业的发展严重破坏了澳洲假吸血蝠的栖息地，导致它们已成为易危物种。

【幽灵蝙蝠：澳洲假吸血蝠】

属于叶口蝠科的美洲假吸血蝠（拉丁学名：V*ampyrum spectrum*，英文名：Spectral bat）、缨唇蝠（拉丁学名：*Trachops cirrhosus*，英文名：frog-eating bat，又称食蛙蝠）、矛吻蝠（拉丁学名：*Phyllostomus hastatus*，英文名：greater spear-nosed bat）和绒假吸血蝠（拉丁学名：*Chrotopterus auritus*，英文名：woolly false vampire bat）也是肉食性的蝙蝠，它们均分布于美洲地区。

美洲假吸血蝠体重可达 190 克，翼展可达 70 厘米以上，极限记录接近 1 米，是小翼手亚目中最大的成员，也是美洲大陆最大的蝙蝠。尽管名字中也有“假吸血”的字样，但它属于叶口蝠科，与亚洲、大洋洲和非洲的假吸血蝠科并不相同，倒是与真正的吸血蝠（也属于叶口蝠科）有着相当近的血缘关系。美洲假吸血蝠拥有硕大的身形、强壮的头骨和尖锐的犬齿等顶配装备，可迅速击杀其他蝙蝠、小鸟和啮齿动物等猎物，故又有“鬼蝠”之称。

【蝙蝠中的顶级杀手：美洲假吸血蝠】

除了假吸血蝠科和叶口蝠科，蝙蝠科和狐蝠科等科中也有食肉的成员。属于蝙蝠科的毛翼山蝠（拉丁学名：*Nyctalus lasiopterus*，英文名：greater noctule bat）生活在欧洲和北非，它们80%的食物是鸟类，是一种候鸟杀手。分布于老挝、越南、泰国、印度、尼泊尔以及中国南部的南蝠（拉丁学名：*Ia io*，英文名：great evening bat）是蝙蝠科中体形最大的种类，鸟类在它们的食谱中占到一半左右。此外，它们也捕食昆虫。属于夜凹脸蝠科的魁凹脸蝠（拉丁学名：*Nycteris grandis*，英文名：large slit-faced bat）在冬天昆虫缺乏的时候可能会捕食一些鸟类、鱼类以及其他种类的蝙蝠。属于狐蝠科的锤头果蝠（拉丁学名：*Hypsignathus monstrosus*，英文名：hammer-headed fruit bat）是非洲最大的蝙蝠，主要吃果实。但有报道证实，它们也从被丢弃的死鸟身上取食腐肉。属于短尾蝠科的新西兰短尾蝠（拉丁学名：*Mystacina tuberculata*，英文名：New Zealand lesser short-tailed bat）主要以昆虫为食，但偶尔也会食用鸟的腐肉。

一般认为，蝙蝠的食肉性从食虫性延伸而来。出于捕食小型动物的需求，食肉的蝙蝠进化出了更大的体形和更尖利的牙齿，堪称蝙蝠界的“顶级杀手”。

4

捕鱼小能手

一个晚上，墨西哥兔唇蝠能捕获 30 ~ 40 条小鱼，是当之无愧的捕鱼小能手

有的蝙蝠还能捕食鱼类。在某种契机下，一些经常在水面捕虫的蝙蝠开始捕捉小鱼，逐渐演化出食鱼的食性。

食鱼的蝙蝠主要有墨西哥兔唇蝠（拉丁学名：*Noctilio leporinus*，英文名：greater bulldog bat，又称猛犬蝠）、南兔唇蝠（拉丁学名：*Noctilio albiventris*，英文名：lesser bulldog bat，又称白腹兔唇蝠）、索诺拉鼠耳蝠（拉丁学名：*Myotis vivesi*/*Pizonyx vivesi*，英文名：fish-eating bat，又称钓鱼蝠）和大足鼠耳蝠（拉丁学名：*Myotis pilosus*/*Myotis ricketti*，英文名：rickett's big-footed myotis）。它们往往胫骨极长、与翼膜的结合点较高、爪子大且尖利、脚底光滑少毛，这些都是为配合捕鱼而产生的特化特征。此外，一些假吸血蝠也捕食鱼类。

兔唇蝠科仅有两个成员，分别是墨西哥兔唇蝠和南兔唇蝠，均生活在中美洲和南美洲。它们都能捕鱼，同时也吃昆虫。墨西哥兔唇蝠体形较大，是蝙蝠家族中最能制造噪声的成员，能发出 140 分贝的声音跟踪鱼群。但由于是超声波，人类并不能感觉到它们的吵闹。在捕鱼时，墨西哥兔唇蝠紧贴水面滑行，

一旦探测到鱼，便迅速用鱼叉一样的大爪子抓起猎物。一个晚上，它们能捕获 30 ~ 40 条小鱼，是当之无愧的捕鱼小能手。有时，墨西哥兔唇蝠还会捕食小螃蟹。

索诺拉鼠耳蝠则是生活在海边的“渔夫”。它们属于蝙蝠科鼠耳蝠属，被发现于墨西哥西部的一座小岛上，数量稀少，栖息在山洞、石缝或海岸边的大石头下。它们专门捕食那些被鲨鱼驱赶、跃出水面的鱼群。

大足鼠耳蝠是另一种鼠耳蝠，是目前所知生活在美洲之外的唯一会捕鱼的蝙蝠。大足鼠耳蝠与美洲的食鱼蝙蝠在不同地域演化出类似的形态和食性，是趋同演化的重要案例。大足鼠耳蝠作为中国特有的蝙蝠种类，一度受到国内外的广泛关注。它们的体形不大，体长约 6 厘米，体重为 20 ~ 30 克，长着近似于老鼠的耳朵和一双与身形很不相称的大脚。1938 年，美国哺乳动物学会理事长格劳威尔·M. 艾伦（Glover M. Allen，1879—1942 年）首次提出，大足鼠耳蝠这大尺码的脚可能与捕鱼有关。直到 2002 年，中国研究人员才首次证实，大足鼠耳蝠的食物包括鱼类。在大足鼠耳蝠的食谱中，鱼类占到一半左右。此外，它们也捕食昆虫。大足鼠耳蝠虽然在全国各地都有分布（以东南部居多），但随着它们所栖息的洞穴被破坏、开发，昆虫等食物来源减少，已经成为易危物种。

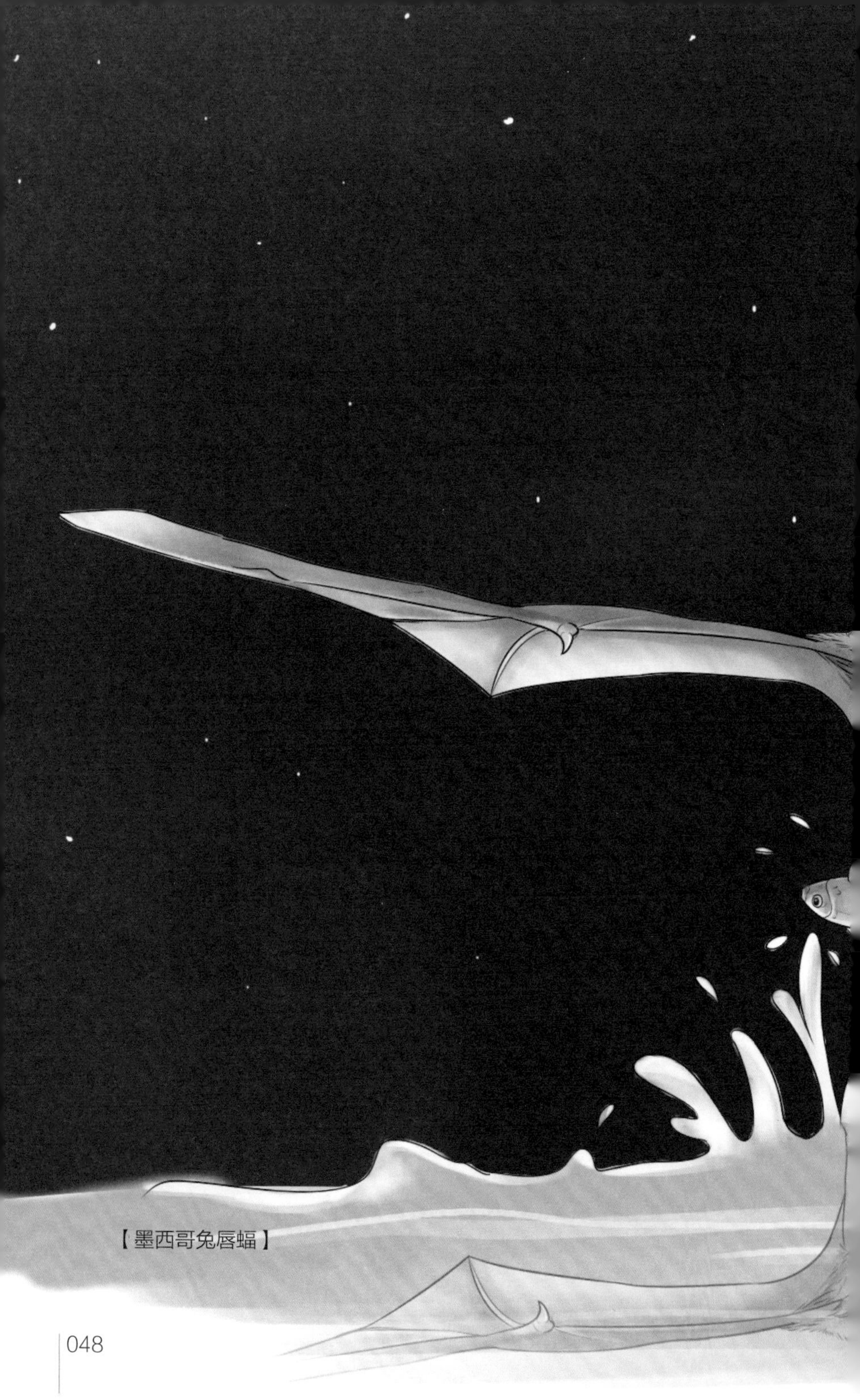

【墨西哥兔唇蝠】

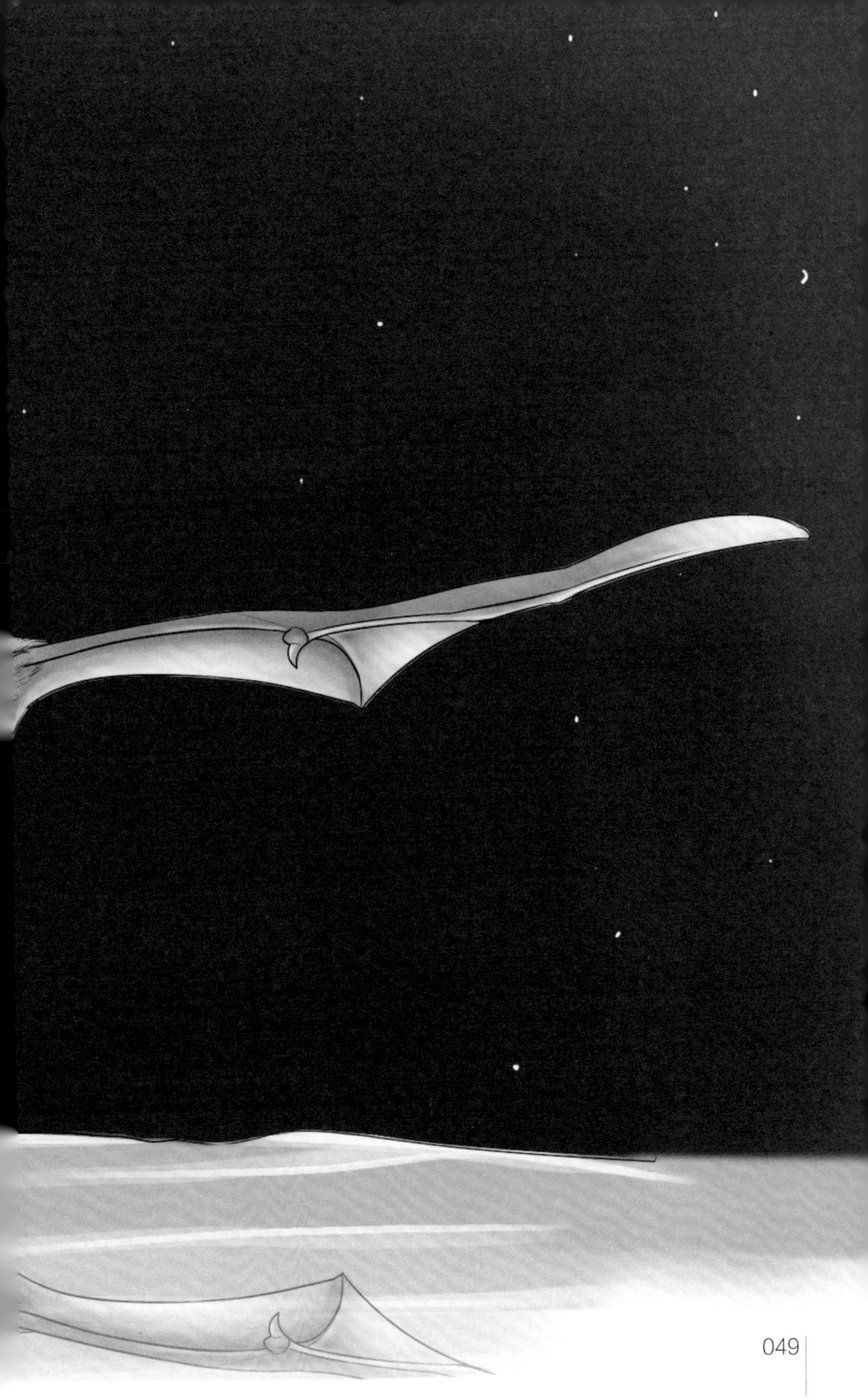

【大足鼠耳蝠】

5

采蜜的长舌蝠

管唇花蜜蝠超长的舌头是与长管花共生演化的结果

吸食花蜜的蝙蝠主要是狐蝠科和叶口蝠科的一些成员，是夜间开花植物的主要授粉者。这些蝙蝠的祖先也是食虫的，在捕捉花丛中的飞虫时，一些蝙蝠尝到了花蜜的“甜头”，逐渐将食性转向了花蜜。

管唇花蜜蝠（拉丁学名：*Anoura fistulata*，英文名：tube-lipped tailless bat，又称花蜜长舌蝠）便是一种采蜜的叶口蝠科蝙蝠，直到 2005 年，它们才在厄瓜多尔的安第斯山区被发现。

管唇花蜜蝠主要以花蜜为食，有时也吃果实和昆虫。为了适应采蜜的需求，管唇花蜜蝠演化出了长达 8 ~ 9 厘米的长舌，其舌头的长度甚至是它体长（5 ~ 6 厘米）的 1.5 倍。这一比例在哺乳动物界绝无仅有，在全部的脊椎动物中，也仅次于变色龙（变色龙可将舌头伸长至体长的 2 倍）。这种蝙蝠吐舌的频率惊人，能在 1 秒钟之内吞吐舌头 7 次。更令人称奇的是，它如此长的舌头，收缩回来后是被安置在胸腔之中，而非口部。管唇花蜜蝠的舌头上具有凹槽结构的多毛附器，能迅速将花蜜传送到口中。

管唇花蜜蝠超长的舌头是与当地的一种桔梗科植物——长管花共生演化的结果。这种花的花冠如同加长的漏斗，长8～9厘米，只有管唇花蜜蝠的舌头能直接深入其花蕊基部。在吸取花蜜的同时，管唇花蜜蝠也带走了长管花的花粉。管唇花蜜蝠因而成为长管花的唯一授粉者。

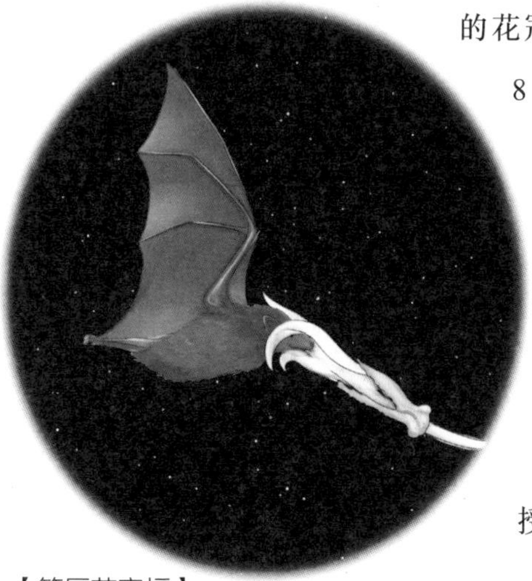

【管唇花蜜蝠】

与同样仅分布在美洲的蜂鸟一样，管唇花蜜蝠的嘴巴、鼻子和舌头均极为细长。尤其是舌头，延展性极强。这些都是出于吸取花蜜的需要。而且，管唇花蜜蝠与蜂鸟一样演化出了高超的飞行技术，可以悬停在空中吸取花蜜。

叶口蝠科中的小长鼻蝠（拉丁学名：*Leptonycteris yerbabuenae*，英文名：lesser long-nosed bat）和墨西哥长舌蝠（拉丁学名：*Choeronycteris mexicana*，英文名：Mexican long-tongued bat）等也吸食花蜜，是龙舌兰等植物的授粉者。小长鼻蝠穿梭于龙舌兰、丝兰、巨人柱等植物的花丛中，用它们长长的舌头去采食花蜜，它们的翅膀和鼻子上也因此沾满了花粉。墨西哥的国酒——龙舌兰酒以龙舌兰草心的汁液为原料酿造而成，而龙舌兰便主要依靠小长鼻蝠授粉。在生物学家和一些龙舌兰酒制造商的共同努力下，小长鼻蝠已经从 1988 年的不到 1000 只，增加到了目前的 20 多万只。

吃花蜜的蝙蝠的舌头都高度特化，为了吸食较长花冠的花蜜，它们演化出了长长的舌头。除了美洲的一些叶口蝠科蝙蝠，分布在东南亚和中国华南地区的大长舌果蝠（拉丁学名：*Eonycteris spelaea*，英文名：dawn bat）也是如此。大长舌果蝠属于狐蝠，体形较大的狐蝠则主要以果实为食。

【小长鼻蝠】

6

食果蝠：素食主义者

狐蝠以喜食果实著称，因而又叫“果蝠”

属于大翼手亚目的狐蝠以喜食果实著称，因而又叫“果蝠”或“旧大陆果蝠”。美洲一些以水果、花蜜为食的叶口蝠科蝙蝠，则被称为“新大陆果蝠”。这些食果蝠，主要分布于生长着丰富热带水果的地区。

狐蝠的体形较大，甚至有的看起来还很凶恶，其实它们都是对人畜无害的素食主义者。大型狐蝠每天的飞行距离可超过50千米，小型狐蝠则不超过15千米。狐蝠在长距离的飞行中，搜寻属于自己的水果大餐。它们的嗅觉很灵敏，靠嗅觉去寻觅食物，而基本没有回声定位的能力。

不同的狐蝠，喜好的水果不同。如大型狐蝠更喜欢绿色或暗色的水果；中小型狐蝠则偏好颜色鲜艳的水果，这些水果往往含有丰富的糖、蛋白质和脂肪。它们的取食方式也不尽相同，大型狐蝠通常在树上直接取食水果，而中小型狐蝠则往往将水果带往他处食用。除了水果，许多狐蝠也吃花朵，花朵中的蛋白质和脂肪含量相对较高，有助于营养均衡。

随着栖息地被破坏，野生果树不断减少，一些狐蝠会闯入

人类的果园采食水果，因此会遭到果农的驱赶和捕杀。狐蝠的确可能会给水果种植业带来损失，但水果的生长也离不开狐蝠。如榴梿、香蕉、红毛丹、杧果、桃子、枣和番石榴等水果，都需要依靠狐蝠授粉。榴梿夜间开花，散发出浓郁的味道，便是为了吸引狐蝠前来。狐蝠被猎杀，可能会造成榴梿等水果产量的下降。狐蝠也是森林的“播种机”，它们吃水果时，会将种子吐掉，或者通过粪便排出。由于狐蝠能长距离飞行，所以会将种子散播到更远的地方。经过狐蝠消化的种子，具有更高的发芽率。所以在很多时候，狐蝠不但不是果农的敌人，反而是果树繁衍生息的保障。

【品尝水果大餐的狐蝠】

蝙蝠是如何飞向天空的

目前的研究表明，蝙蝠是唯一一种真正演化出飞行能力的哺乳动物。那么它究竟是如何得到大自然的眷顾，最终飞向天空的呢？

/

翅膀的由来

最终，蝙蝠更进一步，演化出了真正的飞行能力

研究表明，蝙蝠的祖先是一种生活在树上、以昆虫为食的哺乳动物。在恐龙灭绝之后，哺乳动物得到了空前的发展，蝙蝠便是在那时出现的。约5600万年前的古新世—始新世极暖时期促成了昆虫和哺乳动物的繁盛。对于食虫的哺乳动物来说，当时地球上丰富的昆虫为它们提供了源源不断的食物。为了享用飞虫盛宴，蝙蝠的祖先需要在树木之间跳跃。因此，它们的四肢逐渐特化，前肢演变为“翼手”——也就是我们通常所说的翅膀，后肢和尾巴则逐渐退化。后来，它们逐渐学会了滑翔，正如现在同样具有滑翔能力的鼯猴和鼯鼠，以及生活在距今1.25亿年、现在已经灭绝的远古翔兽。当然，从分子遗传学角度看，蝙蝠与鼯猴、鼯鼠并没有太近的亲缘关系。最终，蝙蝠更进一步，演化出了真正的飞行能力。

世界上会飞的动物只有蝙蝠、鸟类、昆虫以及已经灭绝的翼龙。蝙蝠的飞行始于从树枝上一跃而下的滑翔，它们的后肢不必发挥太大的作用，因而逐渐退化。而鸟类和昆虫的飞行始于对地球重力的对抗，如鸟类由恐龙演化而来，其飞行能力来自兽脚类恐龙的奔跑和跳跃能力，因此拥有强劲的后肢。

蝙蝠、鸟类、翼龙这 3 种脊椎动物的翅膀，均由前肢发展而来。蝙蝠的前臂向前延伸，前肢的掌骨以及第二至第四根指骨也极度延长，从而构成了翼手的基本框架，与后肢、尾巴一道支撑起薄而富有弹性的翼膜。翼龙翅膀与蝙蝠的一样，覆盖着翼膜，而且指骨也参与了翅膀的搭建，基本框架由前臂、手部以及第四指骨骼组成。鸟类翅膀的基本框架则由前臂和手部骨骼组成，与蝙蝠、翼龙不同的是，鸟类的翅膀上覆盖着羽毛。

那么，蝙蝠的指骨是如何极度延长的呢？研究人员发现，一种携带骨骼生长相关信息的基因——*BMP2* 基因决定了指骨的延长。如果将这种基因转入老鼠的胚胎细胞中，老鼠同样会发育出像蝙蝠一样的细长指爪。这说明，支撑蝙蝠翅膀的细长指骨源自一次基因突变。这也是很难在化石中找到过渡形态蝙蝠的重要原因——目前所发现的早期蝙蝠化石与现代蝙蝠的形态相差并不大。

鸟类的翅膀由于覆盖着羽毛、骨骼中空且不像蝙蝠那样有延伸出的指骨，因此会显得更加轻盈。蝙蝠的翅膀相对重一些，每只翅膀能占到身体重量的 12% ~ 20%。鸟类翅膀上的羽毛更加有利于飞行：当双翅向下扑动时，羽毛之间相互闭合，增加升力；当双翅向上扑动时，羽毛张开出现间隙，可以减少空气

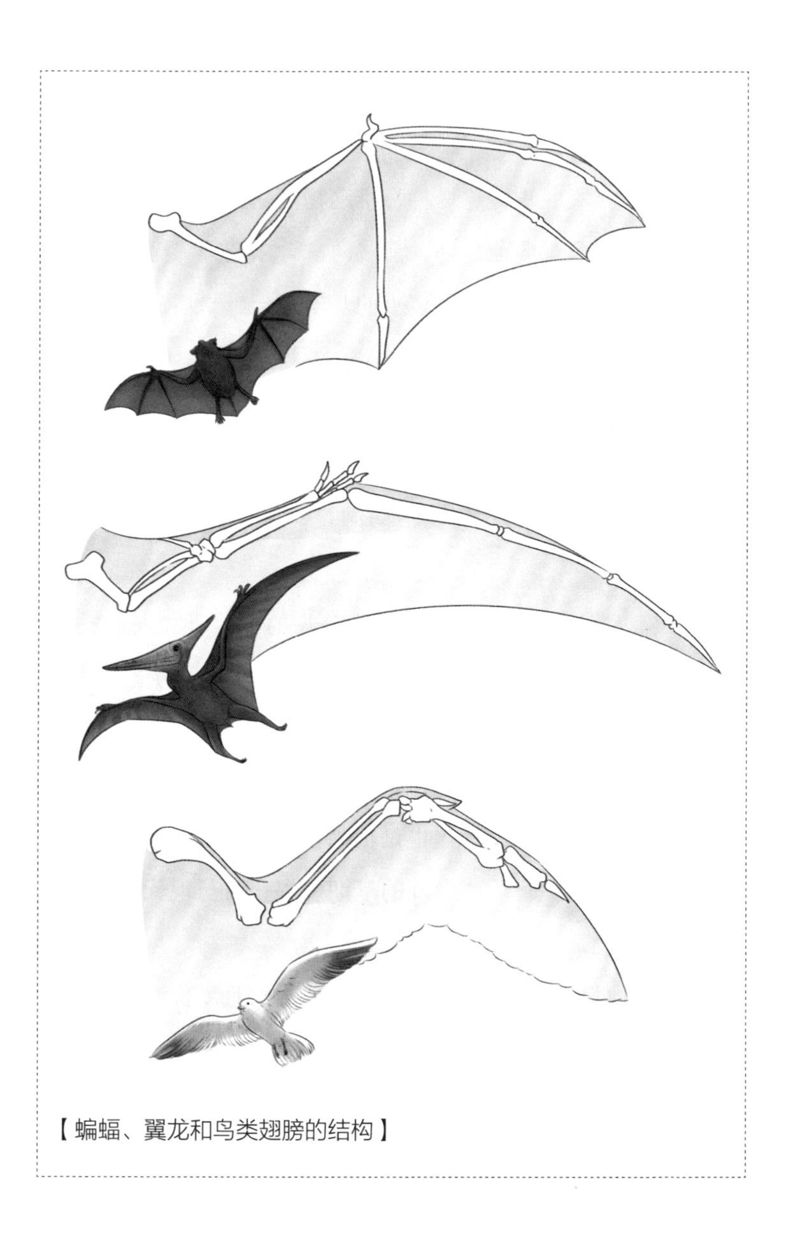

【蝙蝠、翼龙和鸟类翅膀的结构】

阻力，从而减少负升力。因此，鸟类的翅膀飞行效率更高，速度也相对更快。

与鸟类的翅膀相比，蝙蝠的翅膀主要由指骨支撑，可以通过指骨改变翅膀的形状，从而实现机动性很强的慢飞动作，有利于其在复杂的树林中捕捉飞虫。而鸟类的翅膀则不能像蝙蝠的那样“变形”，只能上下挥动。而且，鸟类也不能像蝙蝠那样依靠翅膀转动身体，完成高难度的倒挂。虽然翼龙的翅膀与蝙蝠的相似，但由于其翼膜中间没有骨骼支撑，也不能像蝙蝠那样改变翅膀的形状。

蝙蝠的翼膜上有丰富的神经末梢，有助于保持体液平衡和调节体温、血压。因此，蝙蝠的翼膜如果被破坏，会导致严重失水。一般来说，翼膜若有破损，是能够自动愈合、“恢复出厂设置”的。在睡觉时，翅膀还能被裹在胸前充当被子，起到保暖的作用。

蝙蝠前肢的第二至第四根指骨极度延长，撑起了翼膜，但拇指指骨则极为短小，且保留了指爪。蝙蝠可以用前肢的拇指指爪完成爬行、抓握和梳理毛发等动作。分布于马达加斯加岛的吸足蝠（拉丁学名：*Myzopoda aurita*，英文名：old world sucker-footed bat，又称旧大陆吸足蝠）和分布于美洲的三色盘翼蝠（拉丁学名：*Thyroptera tricolor*，英文名：spix's disk-winged bat），拇指和脚趾则特化为像吸盘一样的肉垫，可以吸附在岩石、树叶和树干的光滑面上。分布于南亚、东南亚和我国南部的扁颅蝠（拉丁学名：*Tylonycteris pachypus*，英文名：

lesser bamboo bat，又称竹蝠）也有类似的吸盘。它们是最小的蝙蝠之一，主要生活在竹筒之中。这些蝙蝠在不同地区演化出类似的吸盘，是趋同演化的重要案例。

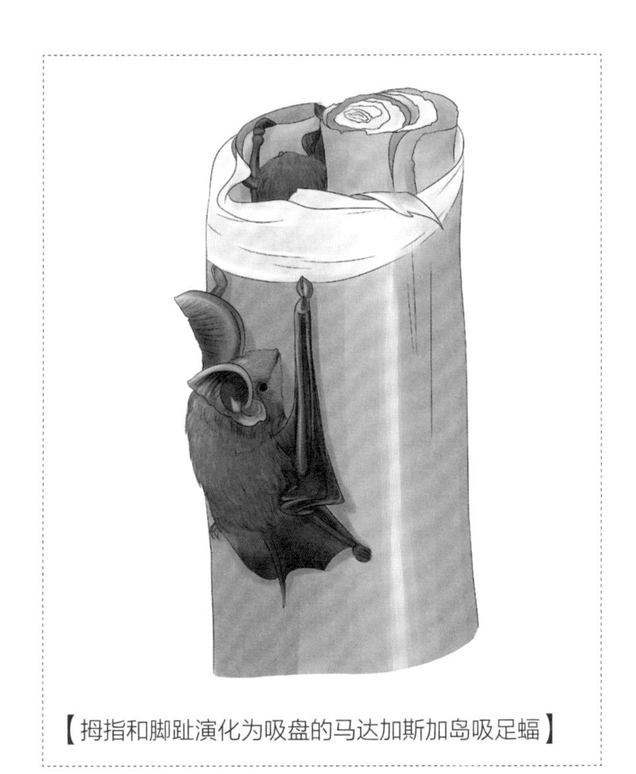

【拇指和脚趾演化为吸盘的马达加斯加岛吸足蝠】

2

“大心脏”助力蝙蝠上天

蝙蝠的心脏要比同体形哺乳动物的大 3 倍

蝙蝠想要飞翔，除了需要翅膀，还需要配置强大的“发动机”。为了适应飞行，蝙蝠演化出了“大心脏”，它们的心脏要比同体形哺乳动物的大 3 倍。飞行时，蝙蝠的心跳速度高达 800 ~ 1000 次 / 分钟，俨然一个涡轮增压发动机。

和鸟类一样，蝙蝠的锁骨发达，可以稳定翅膀；骨块又轻又细，便于飞行；胸骨具有龙骨状突起，从而支撑起发达的胸肌。鸟类的胸肌重量能占到其体重的 1/5，蝙蝠却只占 1/10。发

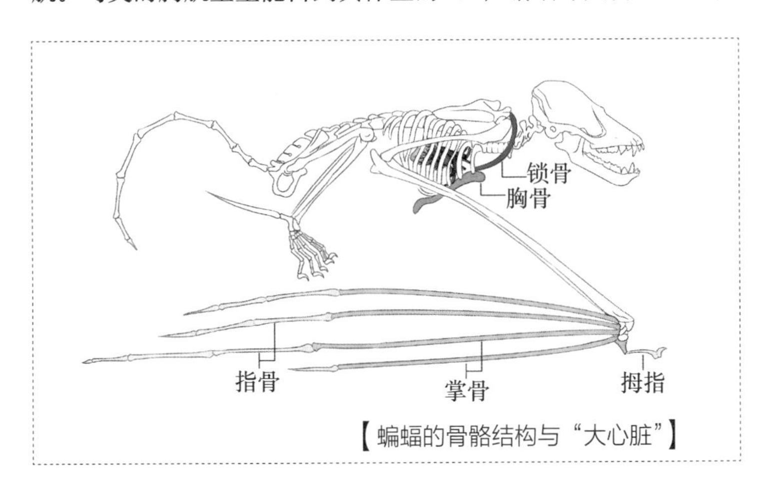

【蝙蝠的骨骼结构与“大心脏”】

达的胸肌是挥动翅膀的动力所在。鸟类与蝙蝠作为物种亲缘关系甚远的动物，有着相近的形态，这也是趋同演化的重要案例。研究人员还发现，与皮肤弹性和肌肉收缩相关的基因在蝙蝠体内发生了快速进化，这成为蝙蝠能够演化出飞行能力的关键。

蝙蝠最终征服了天空，避开了陆地和海洋的兽类。它们大多在夜间活动（萨摩亚狐蝠等则倾向于在白天活动），又避开了除猫头鹰、夜莺之外的大多数鸟类。在暗夜的天空中，蝙蝠利用其得天独厚的优势，占据独特的生态位，从而发展成为哺乳动物界的第二大家族。

3

蝙蝠能飞多快、多远

巴西犬吻蝠创下了动物界中最快水平飞行速度的纪录

通常情况下，蝙蝠的飞行速度为 15 ~ 50 千米 / 小时。翼膜狭长的蝙蝠，其飞行速度要高于翼膜宽短的蝙蝠。翼膜宽短的蝙蝠，适合在枝叶繁多的环境中低速而轻巧地飞行；翼膜狭长的蝙蝠则更适合在相对空旷的空间中飞行。

由于鸟类的体形、翅膀和骨骼都很有利于飞行，一般认为，蝙蝠的飞行能力要大大逊于鸟类。但有的蝙蝠，飞行速度甚至要超过鸟类，飞行速度最快的是巴西犬吻蝠。它们的体重仅为 11 克，与其他蝙蝠相比，其翅膀更长更窄，更接近于燕子。它们的平均飞行速度为 40 千米 / 小时，最快时可超过 160 千米 / 小时，是动物界中最快的水平飞行速度。水平飞行速度与巴西犬吻蝠相当的鸟类是针尾雨燕（又称白喉雨燕）。如果论俯冲速度，游隼和金雕则可超过 300 千米 / 小时。

每年的 3—10 月，巴西犬吻蝠生活在美国得克萨斯州的布兰肯洞穴；10 月至次年的 2 月底，它们则在墨西哥等南部栖息地度过，迁徙距离长达 1700 多千米。它们迁徙时的飞行高度为 3000 米，飞行速度可达 96 千米 / 小时，一晚上可飞行 400 多千米。

【蝙蝠中的飞行冠军：巴西犬吻蝠】

大多数小翼手亚目的蝙蝠只在 10 ~ 15 千米的范围内活动，狐蝠则通常有长距离飞行的能力，能飞到远达 50 千米外的地方觅食。与鸟类一样，一些蝙蝠会在磁场的指引下进行长途迁徙。如非洲黄毛果蝠（拉丁学名：*Eidolon helvum*，英文名：African straw-coloured fruit bat）的迁徙堪称动物界的“春运”，数以亿计的黄毛果蝠经过 2000 多千米的长途飞行，在每年的 11 月到达刚果和赞比亚，是世界上规模最大的哺乳动物迁徙。

伍 倒着休息，倒着生娃

[古人的解释]

[蝙蝠为什么倒挂着休息]

[蝙蝠倒挂时，脚难道不会累吗]

[如何做到脑袋不充血]

在人们的印象中，蝙蝠似乎只有两种姿态：一种是展翅飞翔，另一种是倒挂着休息或睡觉。大家似乎从来没有见过它们直立或爬行的模样。

倒挂是不少蝙蝠的休息方式，但并非所有的蝙蝠都是如此，如吸足蝠、盘翼蝠和扁颅蝠。由于它们的后肢脚爪演变成了像吸盘一样的肉垫，不能完成倒挂。有的蝙蝠（如东亚伏翼），则喜欢趴在岩石或建筑物的缝隙中。

1

古人的解释

古人认为，蝙蝠头重脚轻，所以倒挂

为什么不少蝙蝠会选择倒挂（古人常称为“倒悬”）这一休息方式呢?

西晋崔豹的《古今注》中记载:

五百岁则色白而脑重，集物则头垂，故谓倒挂鼠。

说的是蝙蝠活到五百岁便会变白，脑袋便会变重。蝙蝠因此倒挂，故又被称为“倒挂鼠”。

东晋葛洪（284—364年）的《抱朴子·仙药》则说:

千岁蝙蝠，色白如雪，集则倒县（悬），脑重故也。

说的是千年的蝙蝠头重脚轻，所以倒挂。

明末清初的屈大均（1630—1696年）在《广东新语·虫语》中说:

其阳精在脑，脑重，故倒悬也。

说的是蝙蝠的“阳精”集中在脑部，导致脑袋偏重，所以倒挂。

可见，古人认为蝙蝠头重脚轻，所以倒挂。而且，只有那种活了500年甚至上千年的蝙蝠才会倒挂。

蝙蝠自然不能真的活成百上千年，不少种类的蝙蝠都能倒挂，并不限于千年蝙蝠。头重脚轻的解释有一定道理，但并非问题的关键。

我们还得从蝙蝠飞行的本领说起。

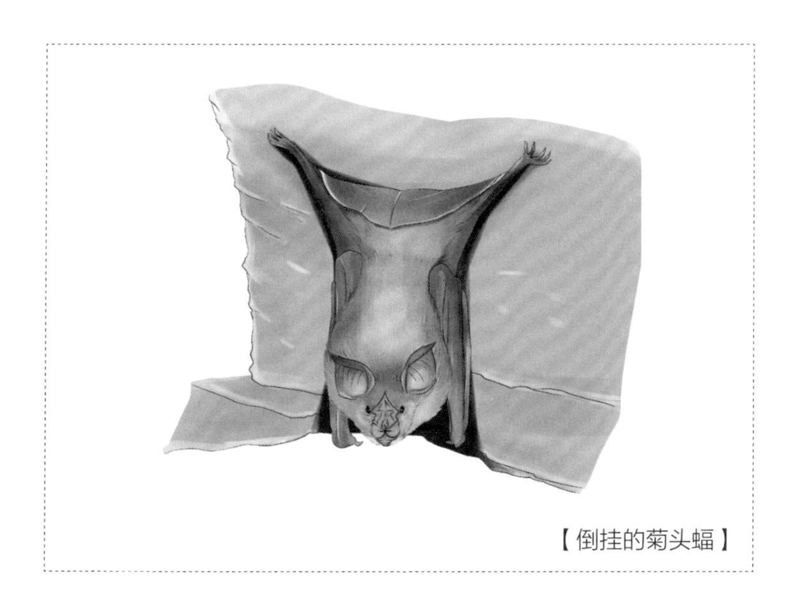

【倒挂的菊头蝠】

2

蝙蝠为什么倒挂着休息

蝙蝠之所以选择倒挂着休息，主要是出于适应生存环境的需要

前面已经谈到，与鸟类、昆虫从地面腾空不同，蝙蝠的飞行是从滑翔开始的，需要从上而下坠落。为了便于飞行，蝙蝠的前肢演化为翼手，后肢变得非常短小，以致其难以支撑起相对较重的上半身。因而，蝙蝠无法站立，只能勉强借助前肢爬行。

我们知道，鸟类的骨骼是中空的，而蝙蝠并非如此，它们的身体相对笨重。与鸟类肌肉发达且覆盖羽毛的翅膀相比，蝙蝠翼手的力量相对不足，难以提供直接腾空的升力。因此，蝙蝠尽管是唯一会飞的哺乳动物，但却无法像鸟类那样飞得从容自如。

由于后肢短小，蝙蝠无法在地面上迅速移动（吸血蝠、短尾蝠等少数种类除外），自然无法助跑，也无法像昆虫那样借助弹跳起飞。

蝙蝠如果要起飞，首先得在空中滑翔，然后再依靠翅膀的力量飞行。因此，它们一旦落地，便很难再度起飞。它们需要用翅膀使劲地拍打地面，帮助自己脱离地面，才有可能重新振

翅飞翔。

当然，蝙蝠也完全可以趴在高处休息或睡觉。但由于它们的飞行系统启动较慢，相对来说，趴着睡觉的风险较大。而在倒挂的状态下，蝙蝠居高临下，占据“战略制高点”，可以减少来自天敌的威胁。当危险来临时，它们只要松开爪子便可通过滑翔起飞。

除了便于飞行，蝙蝠倒挂的另一个好处是维持体温恒定。蝙蝠的皮肤较为敏感，当它们在洞穴中休息时，倒挂的姿势可以令它们的身体避免接触冰冷的岩壁。

总之，蝙蝠之所以选择倒挂这种独特的休息方式，还是出于适应生存环境的需要。据研究，食指伊神蝠便是倒挂着休息的。可见，蝙蝠的这一习性至少要追溯到距今 5000 多万年前。

当然，蝙蝠还需要有完成倒挂的客观条件。由于蝙蝠的翅膀由指骨支撑，可以改变翅膀的形状和方向，从而能够完成倒挂这一高难度系数的动作。如果换作鸟类，就很难实现这一点了。

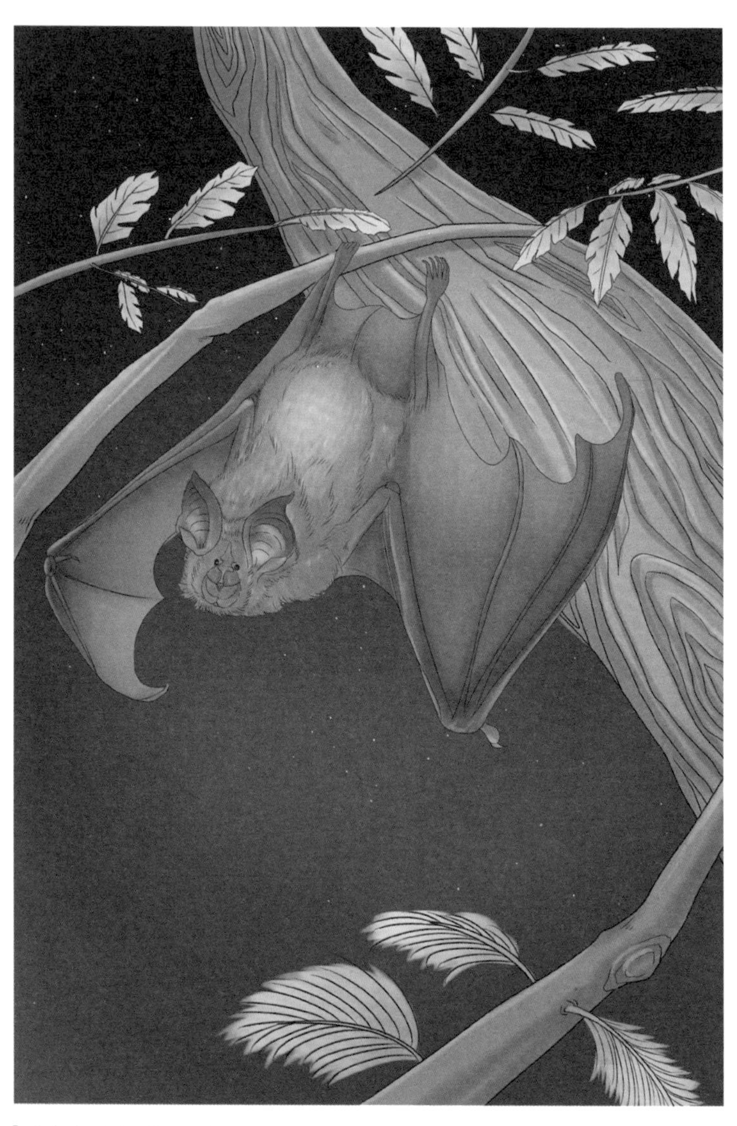

【准备起飞的菊头蝠】

3

蝙蝠倒挂时，脚难道不会累吗

蝙蝠倒挂睡觉时，恰恰是极度放松的。对于它们而言，这并不是高难度的姿势

问题来了：既然蝙蝠的后肢力量较弱，那么它们是如何做到一直倒挂的？它们的爪子一直抓着岩石或树枝，难道不会累吗？

这与蝙蝠的特殊生理结构有关。

当人和动物屈曲关节时，收缩、绷紧的肌肉束被称为屈肌，没有绷紧的肌肉束则被称为伸肌。人的手或动物的爪子抓取物体，是通过收缩相应部位的屈肌实现的。

而蝙蝠脚爪的屈肌则退化了，本来应该连接肌肉和骨骼的肌腱，转而直接连接趾骨和上半身。在重力的作用下，蝙蝠的肌腱被自然拉紧。于是蝙蝠的爪子就像钥匙扣一样，在自然的情况下是紧扣的，松开爪子则需要利用伸肌“解锁”。蝙蝠倒挂睡觉时，恰恰是极度放松的。对于它们而言，这并不是高难度的姿势，因此，我们不必为它们的睡眠质量担心。

事实上，蝙蝠除了飞行，其他时间基本都处于倒挂的状态。这意味着，蝙蝠大概每天 80% 的时间都是以完全颠倒的视角审视着这个世界。它们倒着睡觉、倒着交配、倒着生娃、倒着喂

奶，甚至于它们如果在睡觉的过程中死去，身体也会一直保持着倒挂的姿势。

蝙蝠的分娩简直是高难度系数的杂技动作：蝙蝠妈妈仍然保持着倒挂的状态，身体向上卷曲，一只脚抓住岩石或树枝，另一只脚和一对翼手则负责拉扯、保护新生的小蝙蝠。

【分娩中的狐蝠】

4

如何做到脑袋不充血

这还是与蝙蝠独特的生理构造有关

有过倒立经历的朋友都会知道，人如果倒立久了，就会因为脑袋充血而感到不适。而蝙蝠却能够一直倒挂着睡觉，它们为何能如此淡定呢?

这还是与蝙蝠独特的生理构造有关。

人类为了直立行走，心脏和血液循环系统都需要克服更大的重力。而蝙蝠与人类相比，体形较小，重力对其血液流动并不会构成太大的影响。

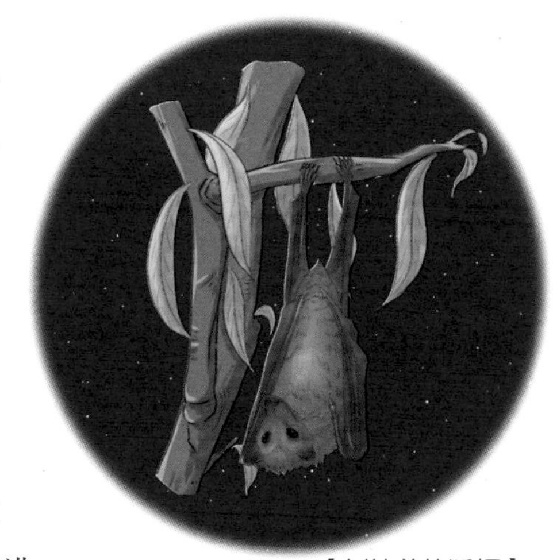

【倒挂着的狐蝠】

人类通过四肢的静脉血管将血液运送回心脏。因此，人类尽管直立行走，却不会导致血液滞留在四肢。人的静脉血管中有一种叫静脉瓣的结构，主要分布于四肢，且下肢多于上肢。静脉瓣能促进血液流回心脏，防止血液逆流。而人的头部则没有静脉瓣，所以人如果倒立，血液容易滞留在头部，会出现脸红等现象。

蝙蝠则不同，它们体内并没有类似于静脉瓣的结构。但它们的静脉壁肌肉比较强大，能够主动收缩血管，从而不必担心血液无法流回心脏的问题。

而且，蝙蝠的心脏很强大，有足够的力量将静脉血泵入心脏。

综上，尽管蝙蝠长时间倒挂，但是脑袋不至于充血。

陆 蝙蝠的超能力：回声定位

[斯帕拉捷的实验]

[超声波与回声定位]

[回声定位的硬件基础]

[蝙蝠看不见吗]

[蝙蝠也在适应对手和环境]

[雷达的发明是否与蝙蝠有关]

在美国DC漫画公司的系列作品中，蝙蝠侠是一个富有正义感但没有超能力的超级英雄。而现实中的蝙蝠，却的的确确拥有令人瞩目的超能力。其中，最为人所熟知的莫过于它们的回声定位能力。

/

斯帕拉捷的实验

斯帕拉捷得出了一个结论：蝙蝠是靠听觉来辨别方向和目标的

拉扎罗·斯帕拉捷（Lazzaro Spallanzani，1729—1799 年）是一位生活在 18 世纪的意大利神父。尽管他是宗教人士，但却专注于钻研科学问题。斯帕拉捷凭借其敏锐的洞察能力和科学的实证精神，为自然科学的发展作出了许多贡献，他对蝙蝠的研究便是典型的例子。

蝙蝠能在黑暗的夜空中准确捕捉飞虫，是否因为它们有一双异常敏锐的眼睛呢？如果蝙蝠是依靠视力辨别方向的，那么它们就无法在完全黑暗的环境中飞行。为了验证这一假设，斯帕拉捷在 1973 年做了一个有名的实验。他先是把猫头鹰放入一个点着蜡烛的密室里，虽然烛光昏暗，但猫头鹰仍然能自在飞行。当他把蜡烛移走，猫头鹰便撞到了墙上。显然，猫头鹰的飞行是高度依赖视力的。斯帕拉捷又将蝙蝠放入密室，他惊讶地发现，在完全黑暗的情况下，蝙蝠仍然能自如飞行。因此，可以推测蝙蝠的飞行可以不依靠视力。

为了进一步研究蝙蝠的视力，斯帕拉捷用透明的布罩住一组蝙蝠的头，又用不透明的布罩住另一组蝙蝠的头。结果发现，这两组蝙蝠都以为面前有障碍物而不敢乱飞。

斯帕拉捷最后想到了一个简单粗暴的办法：他弄瞎了一只蝙蝠，并将它放飞。结果发现，蝙蝠像往常一样飞行，似乎失去双眼并没有给它造成太大的困扰。斯帕拉捷因此恍然大悟：蝙蝠不需要视力便可以分辨事物。至于蝙蝠是靠什么辨认目标的，斯帕拉捷并没有找到答案。

当时，瑞士有一位医师叫路易斯·朱尼（Louis Jurine，1751—1819 年）。在斯帕拉捷的启发下，他想到了另一个方法：将蝙蝠的耳朵塞住。结果发现，蝙蝠被放飞之后，完全无法辨别方向，到处乱撞。之后，斯帕拉捷又对朱尼的实验进行了重复和改良，他得出了一个结论：蝙蝠是靠听觉来辨别方向和目标的。

但是限于当时的认识水平，斯帕拉捷和朱尼的研究成果并未受到人们的充分重视，反而遭到嘲笑。而且，斯帕拉捷虽然已经接近正确答案，但对于蝙蝠耳朵分辨事物的具体原理仍然不清楚。

斯帕拉捷还有许多其他著名的实验。如为了研究动物的再生能力，用蚯蚓做了数千次的实验，认识到低等动物的再生能力比高等动物的强；为了研究胃的消化原理，他将食物装在打有小孔的小球中，让动物吞下，从而发现胃的消化不是物理作用，而是通过胃液实现的；为了研究微生物的由来，他将肉汤煮沸装入玻璃瓶，并将玻璃瓶口烧到完全密封，与经过煮沸、但未完全密封的肉汤进行比对，证明了微生物的产生需要外界

【斯帕拉捷的实验】

介入，而不是非生命体自发生长的。

这些简单的实验已经蕴含着比较科学的研究方法，如实验假设、控制变量、演绎推理等。正是斯帕拉捷等先行者的艰难探索，才推动了现代自然科学的持续进步。

2

超声波与回声定位

蝙蝠不但可以发出超声波，也可以接收超声波

尽管斯帕拉捷证明了蝙蝠感受外界刺激的能力与听觉密切相关，但蝙蝠的听觉究竟是如何工作的，他却没有找到答案。直到 1938 年，当时还是哈佛大学研究生的美国学者唐纳德·R. 格里芬（Donald R. Griffin，1915—2003 年）和罗伯特·高拉姆博什（Robert Galambos，1914—2010 年）用仪器探测到蝙蝠发出的超声波，这才真相大白。1944 年，格里芬探明了蝙蝠发出超声波的工作机制，提出了"回声定位"（echolocation）的概念。

原来，蝙蝠（除狐蝠外）能通过发达的咽喉肌肉发出超声波，从口腔或鼻部传出，并用耳朵接收。所谓超声波，指的是频率（每秒钟振动的次数）高于 2 万赫兹的声波。人类耳朵能察觉到的声波频率为 20 ~ 2 万赫兹，被称为"正常声波"，高于这一频率的声波是"超声波"，低于这一频率的则是"次声波"。蝙蝠则可以察觉到 20 ~ 12 万赫兹的声波，其自身所发出的声波频率一般都超过 2 万赫兹。因此，它们不但可以发出超声波，也可以接收超声波。尽管蝙蝠在不停地嚷嚷，人类却丝毫察觉不到。如墨西哥兔唇蝠所发出的声音强度可达 140 分贝，

但由于其声波频率为2万~20万赫兹，人类的听觉系统并不能捕捉到它们的声音。

不同的蝙蝠所发出的超声波频率的大小和变化也不相同，因而超声波频率也成为蝙蝠分类的重要依据。同时，超声波频率是蝙蝠种群内部交流的工具，相当于蝙蝠的语言。不同蝙蝠之间的“语言隔阂”，也是导致蝙蝠种类众多的一个重要原因。

有的蝙蝠发出的是恒频声波，有的则是调频声波。不同的蝙蝠，有不同喜好的食物，它们也通过超声波对猎物进行搜索。通常体形越大的蝙蝠，发出的超声波频率越低、波长越长，更适于探测甲虫等较大的昆虫；而体形越小的蝙蝠，发出的超声波频率越高、波长越短，更适于探测蛾子等较小的昆虫。在开阔空间捕食的蝙蝠，发出的超声波频率相对较低，适用于远距离探测；在复杂环境（如森林）中捕食的蝙蝠则与之相反。多数蝙蝠所发出的超声波，频率为2万~6万赫兹。低于2万赫兹的声波会穿过昆虫而不会被反射，高于6万赫兹的声波则很容易在空气中衰减。由于一些昆虫具有预警蝙蝠超声波的能力，有的蝙蝠会通过超高或超低的声波来避开猎物的“反侦察”。

超声波具有方向性好、反射能力强、可以在水中长距离传播等特点。蝙蝠发出的超声波遇到物体会被反射，并迅速传回耳中。蝙蝠的耳朵能在1秒钟内捕捉和分辨250组回音，并通过大脑成像分析捕捉到的回音，很快判断出前方物体的大小、形状、距离、方向和移动速率，从而避开障碍物或者精确定位猎物。它们甚至能探测到0.1毫米粗细的金属丝障碍物，也能迅速判断出前方目标是否可以食用。超声波能在水中传递，所以一些吃鱼的蝙蝠可以在水面上游刃有余地捕捉猎物。

蝙蝠成群活动，即便它们高度密集飞舞，也不会发生“交通事故”，这得益于它们高精度的回声定位系统。每只蝙蝠都有自己独特的声波频率，相当于身份识别码，因而蝙蝠之间可以轻易识别对方。在捕食时，有的蝙蝠也会发出超声波干扰其他蝙蝠，从而抢夺食物。

当蝙蝠在洞穴中休息时，通常会密集地聚集在一起。研究人员通过监听蝙蝠的“语言”，发现它们除了睡觉，就是不停地吵架：为了抢夺食物而吵架，雌性蝙蝠拒绝雄性蝙蝠的求偶而吵架，为了抢“床位”而吵架……这些用于社交的“语言”并非超声波，人类通常是可以听见的。

【通过回声定位捕虫的巴西犬吻蝠】

3

回声定位的硬件基础

茎舌骨、锤骨和耳蜗的特化，为蝙蝠发送并接收超声波提供了硬件基础

蝙蝠的回声定位能力是如何实现的呢？这归功于它们头骨中的特殊装置：经过特化的茎舌骨、锤骨和耳蜗。

茎舌骨是一根细长的骨头，具有膨大的末端，被固定在头骨上，起到支撑喉部肌肉和喉头的作用。它相当于蝙蝠发送超声波的遥控器，指挥喉头发送超声波。

锤骨和耳蜗则相当于信号接收器。哺乳动物通过听小骨感知外界声音，听小骨由锤骨、砧骨和镫骨组成。声音通过听小骨传送到内耳，并进入耳蜗这个声音处理器。与其他哺乳动物相比，蝙蝠的锤骨拥有一个球形突出，有助于控制其振动；耳蜗中有特殊的神经细胞，负责听觉的感知；蝙蝠的耳蜗在头骨中的比例也更大。

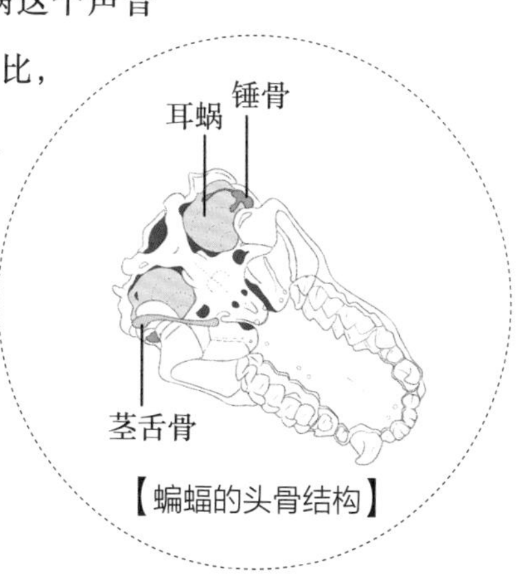

【蝙蝠的头骨结构】

茎舌骨、锤骨和耳

蜗的特化，为蝙蝠发送并接收超声波提供了硬件基础。

目前所见到的最古老的蝙蝠化石之一——芬氏爪蝠化石，其耳蜗较小，锤骨的突出部分也相对较小，茎舌骨中没有膨大的末端。因而有研究人员指出，芬氏爪蝠并不具备回声定位的能力，但具备飞行的能力。一个曾经困扰科学家多年的疑问——蝙蝠是先有飞行的能力还是先有回声定位的能力，也便有了答案。目前的研究表明，蝙蝠先是飞向天空，出于在暗夜中捕捉飞虫的需要，它们逐渐获得了回声定位这项“超能力”。

除了芬氏爪蝠，其他的早期蝙蝠如食指伊神蝠、海思亚蝠等，均已经同时具备飞行和回声定位的能力。可见，在距今5000万年左右，蝙蝠就已经能够回声定位。至于更早要追溯到何时，还有待新的发现。

小翼手亚目的蝙蝠都具有回声定位的能力。除了头骨中的特殊结构，有的蝙蝠的口部和鼻部都高度特化，长着鼻叶和复杂的褶皱。研究人员发现，这些结构能帮助蝙蝠控制声波的频率和方向。以菊头蝠为例，它们的鼻叶酷似菊花，超声波是从它们的鼻腔发出的。小翼手亚目的蝙蝠往往长着一对大耳朵，有的还有较大的耳屏（外耳门前面的凸起）。它们的听觉高度发达，也是为了更好地接收信号。

并非所有的蝙蝠都具备回声定位的能力，属于大翼手亚目的狐蝠，便大多没有这项功能。

4

蝙蝠看不见吗

小翼手亚目蝙蝠的眼睛也能发挥一定的作用，而且对紫外光敏感

由于大多数蝙蝠依靠回声定位识别目标，所以不少人认为蝙蝠的视力极差，甚至是瞎子。尤其是斯帕拉捷曾做过戳瞎蝙蝠的实验，这使人们认为蝙蝠的眼睛可有可无。英文中有一句谚语——“as blind as a bat（像蝙蝠那样瞎）”，便将蝙蝠视同瞎子。

对于小翼手亚目的蝙蝠而言，它们的视力的确不大好。长期生活在黑暗的环境中，使它们的视力大部分已经退化了，眼小如豆，分辨颜色的能力相对较弱。这与同样在夜间活动的猫头鹰迥然不同。但这并不意味着蝙蝠就是瞎子。在飞行、捕食的过程中，它们的眼睛也能发挥一定的作用，而且对紫外光敏感。蝙蝠是啮齿类、有袋类之外的另一种具有紫外视觉的哺乳动物。有的种类如澳洲假吸血蝠，则眼睛较大，视力相对较好。

大多没有回声定位能力的狐蝠，则视力极佳。因此，有人怀疑狐蝠与小翼手亚目的蝙蝠并非源自同一个祖先。但分子遗传学的研究表明，大翼手亚目和小翼手亚目的确同出一源。一些被归入小翼手亚目的蝙蝠，如菊头蝠科、假吸血蝠科等科的蝙蝠，与狐蝠的亲缘关系反而要比其他蝙蝠更近，而菊头蝠、

【狐蝠有一双大眼睛】

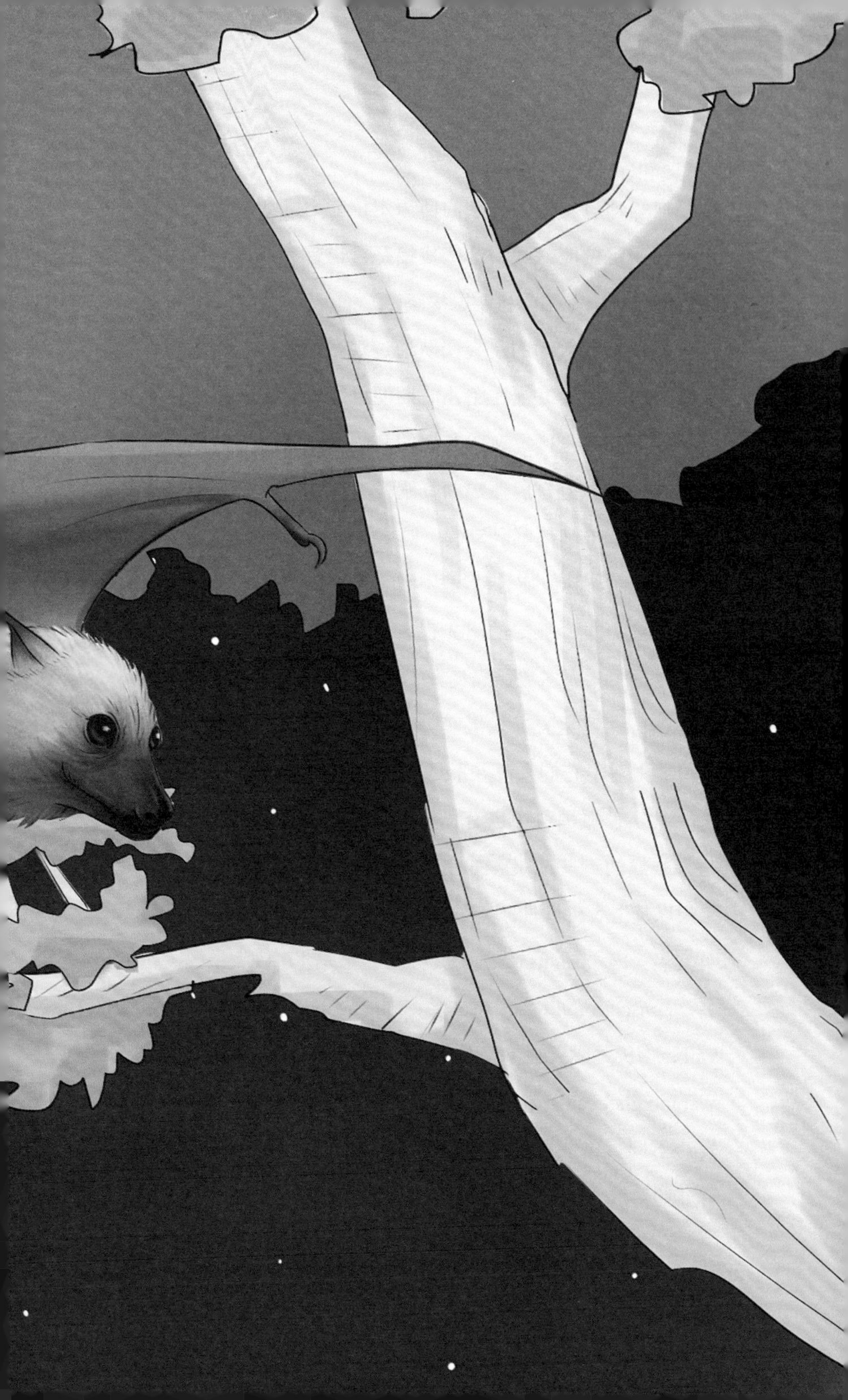

假吸血蝠却有着极为复杂的回声定位能力。如何解释狐蝠大多没有回声定位能力呢？这些狐蝠是否也曾有过这一能力呢？答案近年已经由中国的科学家揭晓。

沈阳农业大学的研究团队通过观察蝙蝠的胚胎发现，包括狐蝠在内的 7 种蝙蝠在胎儿时期便已经发育出耳蜗，这要早于其他哺乳动物。狐蝠在胎儿期的耳蜗大小，与同阶段的其他蝙蝠基本一致。但之后狐蝠的耳蜗发育放缓，发育速度低于其他蝙蝠，也低于其他哺乳动物，这导致成年狐蝠的耳蜗要小于其他蝙蝠，而与其他哺乳动物相近。

由此可见，狐蝠的祖先也曾具备回声定位能力，只不过在演化过程中，大多数狐蝠丧失了这一“超能力”。狐蝠的眼睛炯炯有神，靠嗅觉去寻找果实等食物，不需要去捕捉飞虫，回声定位能力对于它们来说并不是必要的。

其实，狐蝠科中也有仍然保留回声定位能力的种类，主要是果蝠属的一些成员。如生活在南亚、东南亚、中国南部的棕果蝠以及生活在非洲的埃及果蝠（拉丁学名：*Rousettus aegyptiacus*，英文名：Egyptian fruit bats，又称北非果蝠）、狭齿果蝠（拉丁学名：*Rousettus lanosus*，英文名：long haired rousette，又称多毛果蝠）、韦氏颈囊果蝠（拉丁学名：*Epomophorus wahlbergi*，英文名：Wahlberg’s epauletted fruit bat）。与小翼手亚目的蝙蝠通过喉部发声不同，这些狐蝠是通过咂舌发声的。而且它们发出的声音并非超声波，能被人类的听觉所捕捉。

5

蝙蝠也在适应对手和环境

蝙蝠与飞虫的“军备竞赛”，正反映了掠食者和猎物之间的适应性演化

在蝙蝠发送超声波捕捉飞虫的同时，一些飞虫也演化出了能够预警蝙蝠的超声波敏感听器，其探测频率往往与本区域蝙蝠的主频率惊人地相似。一些飞蛾能够察觉到 40 米之外蝙蝠发出的超声波，可以提前逃跑或藏匿。它们身上的绒毛有利于吸收声波，能达到“隐身”的效果。有的昆虫，如灯蛾、鹿蛾、孔雀蛱蝶等，还能对蝙蝠的超声波产生回应，从而削弱或干扰蝙蝠的超声波。

为了对付这些有“反侦察能力”的飞虫，蝙蝠有时便发出超出飞虫感知范围的声波，从而神不知鬼不觉地接近捕食对象。如短耳三叶鼻蝠（拉丁学名：*Cloeotis percivali*，英文名：percival's trident bat，又称非洲三叉蝠）能发出特高频率的超声波，其频率可达 21 万赫兹，位居蝙蝠之冠；而有的蝙蝠如小斑点蝠（拉丁学名：*Euderma maculatum*，英文名：spotted bat，又称花尾蝠），其声波频率则可以低至 1 万赫兹，人类完全可以听到它们的叫声。蝙蝠与飞虫的“军备竞赛”，正反映了掠食者与猎物之间的适应性演化。

食肉的缨唇蝠与南美泡蟾也存在适应性演化的关系。在交配的时节，南美泡蟾发出此起彼伏的鸣叫，在水面激荡起层层涟漪。这些求偶的信号很容易被缨唇蝠所“窃听”，从而引来杀身之祸。同时，蛙群也能感知到缨唇蝠的存在，当缨唇蝠飞过充斥着蛙鸣的池塘时，鸣叫声会戛然而止。但水面的涟漪仍会暴露一些倒霉蛋，使之成为缨唇蝠的囊中之物。缨唇蝠能够区分南美泡蟾和有毒蟾蜍的叫声，南美泡蟾为了躲避缨唇蝠的追杀，甚至能发出其他有毒蟾蜍的叫声来迷惑对手。

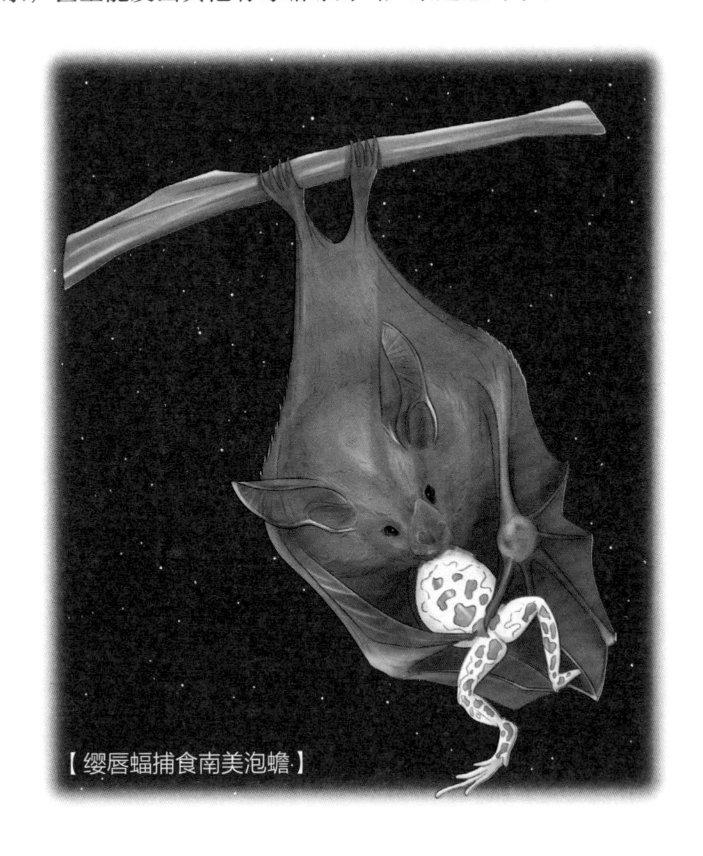

【缨唇蝠捕食南美泡蟾】

美洲的吸血蝠很少去招惹狗，因为狗能听到5万赫兹甚至10万赫兹的超声波。此外，狗还能听到15赫兹以上的次声波。所以吸血蝠更多地找牛、马等家畜下手，从而神不知鬼不觉地吸走鲜血。

进入现代社会，蝙蝠也面临着新的挑战。蝙蝠所发出的超声波可以在粗糙的表面形成漫反射，以便接收到经过反射的声波，从而能够判断前方的情况。而现代建筑中的玻璃则会令声波形成镜面反射，极大地影响了蝙蝠对周围环境的判断。它们甚至会以为前方空无一物而直接撞上玻璃，每年都有不少蝙蝠因此惨死。

人类产生的噪声也给蝙蝠带来了极大的干扰。研究人员通过实验发现，在嘈杂的环境中，蝙蝠会发出比平时高2倍的超声波，以确定捕食目标。这也是蝙蝠适应环境的表现。

6

雷达的发明是否与蝙蝠有关

雷达、声呐等设备的发明与蝙蝠并没有直接的关系

不少书籍（包括教材）将斯帕拉捷的实验与雷达的发明相联系，认为人类在蝙蝠的启发之下，将超声波广泛运用于导航、物探和医疗等领域。事实是否果真如此呢?

首先看何为雷达。雷达是利用电磁波探测目标的电子设备，而非超声波，与蝙蝠的回声定位并不是一回事。电磁波是 1886 年被德国物理学家海因里希·鲁道夫·赫兹（Heinrich Rudolf Hertz，1857—1894 年）最先发现的，雷达在 20 世纪 20 年代也已经正式投入使用。

其实，真正类似蝙蝠回声定位功能的是声呐，而非雷达，动物的回声定位因此也被称为“生物声呐”（biosonar）。由于光波和电磁波在水中很容易衰减，几十米内就会消失。因而，它们在水中无法发挥探测的功能。而声波虽然传播速度相对较慢，但可在水中传播成千上万千米。因而，人们将声波运用于水下探测，发明了声呐。次声波、正常声波和超声波都有可能被运用到声呐中，而不限于超声波（军用声呐一般最高频率在 10 万赫兹以下）。相比之下，超声波更容易被

反射，且定向性最好。声呐技术的运用可以追溯到 1906 年，如今已经被广泛运用于鱼群探测、船舶导航、潜艇作战、水下作业、水文测量、海洋石油勘探和海底地质地貌勘测等领域。

除了蝙蝠，海豚、鲸、海豹、海狮、鼩鼱、无尾猬和金丝燕等动物也有回声定位功能。尤其是海豚和鲸，它们的回声定位系统最接近水下声呐。

除了声呐，超声波还被广泛运用于医学、军事、工业、农业和生活等领域。如我们熟悉的 B 超，便是通过超声波来探测内脏。此外，超声心电图、经颅多普勒等也是常见的超声波诊断仪器。

前面已经提到，人们真正破解蝙蝠的回声定位功能，是在 1938 年以后。在此之前，无论是雷达还是声呐，都早已投入应用。因此，雷达、声呐等设备的发明与蝙蝠并没有直接关系。

但蝙蝠的确是仿生学的重要研究对象。如 2002 年，受到蝙蝠的启发，英国科学家研制出了供盲人使用的声波手杖。虽然声呐的发明与蝙蝠无关，但蝙蝠的回声定位的确为声呐的改进提供了参照。美国的第一代隐身轰炸机 F117，也借鉴了蝙蝠的形态结构。

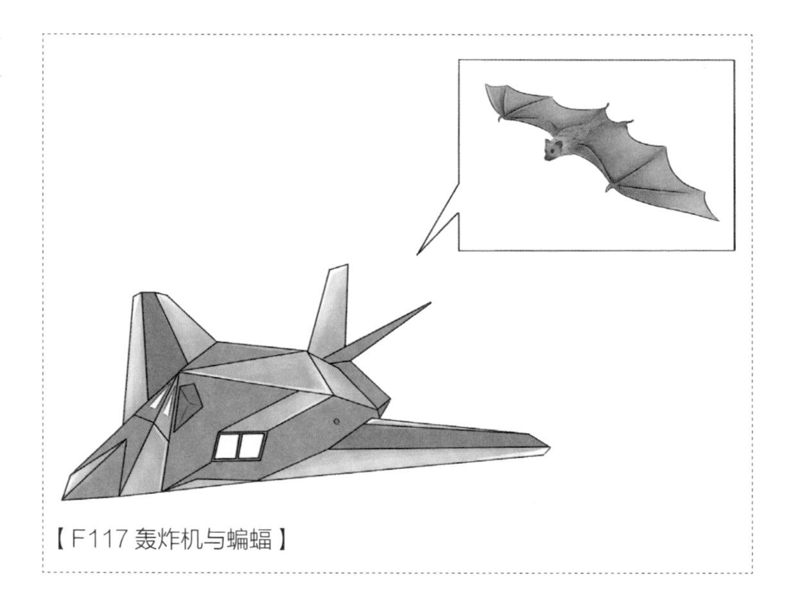

【F117 轰炸机与蝙蝠】

柒 超长待机之谜

[蝙蝠的寿命有多长]

[“佛系”延长待机时间]

[端粒中的生命密码]

[蝙蝠为什么能百毒不侵]

蝙蝠还有一项“超能力”——超长待机，拥有与自身生理结构不相匹配的寿命。蝙蝠小小的身体中，究竟隐藏了怎样的生命密码呢？

1

蝙蝠的寿命有多长

蝙蝠的寿命可达二三十年，甚至40多年

蝙蝠通常成群出动，成群栖息在山洞。人们很容易认为，它们像老鼠一样，是繁殖能力很强的动物。

其实不然，蝙蝠恰恰是地球上繁殖速度较慢的哺乳动物之一。大多数蝙蝠，一年只生一胎，每次只产一仔（有时两仔），有的蝙蝠种类一年则能产3仔或4仔。在相同体形的哺乳动物中，蝙蝠是繁殖速度最为缓慢的。

蝙蝠之所以繁殖速度慢，却仍然看起来“人丁兴旺”，除了因为它们喜欢群居，还与它们相对较长的寿命有关。蝙蝠的寿命与繁殖能力有一定关联，产仔较多的蝙蝠种类，其寿命相对较短。

相对于变温动物，恒温动物（包括哺乳动物和鸟类）的代谢速率更高一些。在恒温动物中，体形越小的动物散热越快，需要通过更高的代谢速率来维持体温恒定。根据克莱伯定律（Kleiber’s law），体重越小的哺乳动物，单位体重的基础代谢速率越高。正如高负荷的运行会导致机器故障、缩短机器的使用寿命，高代谢速率会带来更多的氧化自由基，加剧氧化应激反应，从而损耗动物的身体机能并影响寿命。

对于哺乳动物来说，一生的心跳总次数为15亿次左右，数量有限，用完为止。老鼠的心跳可达每分钟450～500次，寿命只有1～3年。大象的心跳只有每分钟26次，它们的寿命可达80～100岁。蓝鲸潜水时心跳可以低至每分钟2次，它们的寿命可达80～100岁。弓头鲸的寿命更可达200多岁，是哺乳动物中的“寿星”。一般来说，体形越小的哺乳动物，代谢速率越高、心跳越快，寿命就越短。

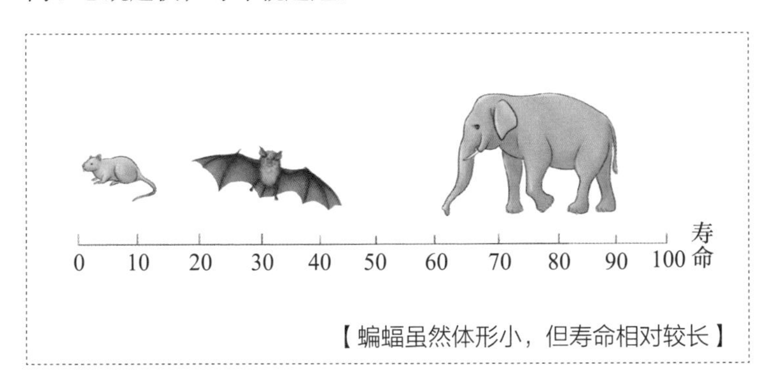

【蝙蝠虽然体形小，但寿命相对较长】

这是就通常情况而言的，蝙蝠、裸鼹鼠和盲鼹鼠等是哺乳动物中少数的例外，它们都拥有与自身体形不相称的寿命。蝙蝠的寿命可达二三十年，甚至40多年；裸鼹鼠和盲鼹鼠的寿命也可达二三十年（是其他鼠类的10倍）。在同等体形的哺乳动物中，它们属于寿命极长者，甚至要长于体形大得多的猫和狗等动物。它们几乎不患癌症，都有强大的DNA修复能力。它们都在特殊的空间生存，相对来说缺少天敌，蝙蝠飞向了天空，裸鼹鼠和盲鼹鼠则在暗无天日的地底度过一生。

裸鼹鼠和盲鼹鼠还有蝙蝠所没有的“特异功能”，如体温可以随环境的变化而变化，可以在缺氧的条件下长时间生存，没有痛感和痒感，等等。此外，包括人在内的灵长类，寿命也要高于预期。

2

“佛系”延长待机时间

冬眠是蝙蝠和某些小型动物长寿的关键秘诀

尽管蝙蝠在飞行时心跳最快可达每分钟 800 ~ 1000 次，但对于蝙蝠而言，飞行的时间大概只占它们一天活动时间的 20%。蝙蝠真正的活动时间主要是黄昏之后和日出之前。大多时候，它们保持着“佛系”的状态——静静倒挂于洞穴之中。在此情况下，它们的心跳为每分钟 250 ~ 450 次，体温保持在 36 ~ 38℃。有些人认为，蝙蝠始终保持着高心率、高体温、高代谢速率的状态。其实，这并不准确。

但即便是在安静状态下，蝙蝠的心跳速率都远远高于大型哺乳动物。蝙蝠超长的“待机时间”很大程度上是通过冬眠等降低代谢的方式实现的。

生活在温带的小翼手亚目蝙蝠通常会冬眠，有的温带蝙蝠也会在冬季迁徙到温暖的地带过冬。蝙蝠之所以需要冬眠，除了是为了应对寒冷的天气，还与冬天缺乏食物有关。在活跃的状态下，蝙蝠的代谢速率高、食量大，但到了冬季，昆虫处于蛰伏期或虫卵的状态，以昆虫为食的蝙蝠就不得不采取冬眠的策略。冬眠的时间短则三四个月，多则半年。布氏鼠耳蝠（拉丁学名：*Myotis brandti*，英文名：Brandt's bat）的冬眠从 9 月下旬持续到翌年的 6 月中旬，一年的活跃时间只有 3 个月。

入秋之后，冬眠的蝙蝠便开始大量进食，以储存脂肪，体重增至夏季的 1.5 倍以上，以供冬眠之所需。进入冬眠状态之后，它们的代谢速率降低到正常状态的 1% 以下，呼吸减缓至每分钟或每 1.5 分钟一次，体温下降至 2 ~ 30℃，心跳速率减少至每分钟 10 ~ 60 次。在此过程中，它们偶尔也会进食和排泄，一个月会苏醒一两次，但要尽量减少冬眠期间的苏醒次数。如果蝙蝠因光照、声响和触碰等外力影响而苏醒次数过多，很可能会导致因能量储备不足而无法度过寒冬的情况。

即便不在冬眠期间，蝙蝠也是休息或睡眠的时间居多。有的蝙蝠虽然没有冬眠的习惯，但也会夏眠或蛰伏。对于一些蝙蝠而言，活动的时间在其一生中所占的比重还不到 0.05%。

哺乳动物一生的心跳次数大体是固定的。蝙蝠除了在飞行过程中超负荷消耗，更多的时候则选择了以“低能耗”的方式减少心脏的搏动。通过长时间的睡眠甚至冬眠，蝙蝠极大地降低了自身的代谢速率，从而延长了寿命。据研究，冬眠可以令蝙蝠的寿命最多延长 8 倍，从而远远高于同体形的其他哺乳动物。如果换算到人类的体形，那么相当于人类能活到 240 岁之久。某些冬眠的啮齿类，如土拨鼠，同样寿命较长，可活到 15 岁以上。研究人员还发现，冬眠能力强的土耳其仓鼠能活 1093 天，冬眠能力弱的土耳其仓鼠则只能活 727 天。可见，冬眠才是蝙蝠和某些小型动物长寿的关键秘诀。

【冬眠中的菊头蝠】

蝙蝠的种类多达1400种，不同的蝙蝠寿命也不相同。不少蝙蝠寿命不到20年，而鼠耳蝠属、菊头蝠属、长耳蝠属的成员以及吸血蝠的寿命相对较长。它们便有冬眠的习惯，其中体重17～34克的马铁菊头蝠（拉丁学名：*Rhinolophus ferrumequinum*，英文名：greater horseshoe bat）有活到37岁的纪录，体重4～8克的布氏鼠耳蝠有活到41岁的纪录。有的生活在亚热带的鼠耳蝠，到了冬季仍要飞往温带冬眠，这是源于祖先的习惯。热带的蝙蝠往往不冬眠，体温比较恒定。与冬眠的蝙蝠相比，不冬眠蝙蝠的寿命要短6年以上。美洲的吸血蝠虽然不冬眠，但寿命也相对较长。因为它们可以调节自己的体温，从而在无法吸血的情况下保留能量，这也在一定程度上延长了它们的寿命。

3 端粒中的生命密码

破解了端粒密码的鼠耳蝠，几乎掌握了永生的秘密

有些蝙蝠之所以拥有令人难以置信的寿命，还与“生命时钟”——端粒（telomere）有关。

我们知道，染色体是细胞核内类似于螺旋丝带的遗传物质。在染色体末端，有一小段DNA-蛋白质复合体与端粒结合蛋白一起构成了一种叫“端粒”的结构。如果把一条染色体想象成一支笔，那么端粒就相当于套在笔两端的笔帽。

研究表明，端粒对于染色体的定位、复制、保护以及控制细胞生长等方面有重要作用，与生命体的寿命息息相关。细胞每分裂一次，每条染色体的端粒就会缩短一些。虽然细胞不断在分裂，旧细胞老去，新细胞初生，但每一代新细胞的端粒长度是在不断缩减的。当端粒缩短到极限时，细胞就无法继续分裂，生命体也便宣告终结。

但有的蝙蝠却似乎摆脱了端粒这一“生命时钟”的束缚。研究人员发现，其他种类的蝙蝠，染色体上的端粒正常损耗，细胞正常老化；但鼠耳蝠属的蝙蝠却是例外，它们染色体上的端粒在细胞分裂时，居然保持长度不变！

鼠耳蝠已经演化出修复细胞损伤，但不诱发癌症的独特染色体机制。它们体内有两种基因（*ATM* 和 *SETX*）具有修复端粒的作用。这也是鼠耳蝠能够存活长达三四十年的秘密。鼠耳蝠最后通常死于饥饿、脱水或意外事故，而很少死于年老病故。

破解了端粒密码的鼠耳蝠，几乎掌握了永生的秘密。但我们不必将个例普遍化，因为大多数蝙蝠，仍逃不过“生命时钟”的魔咒。

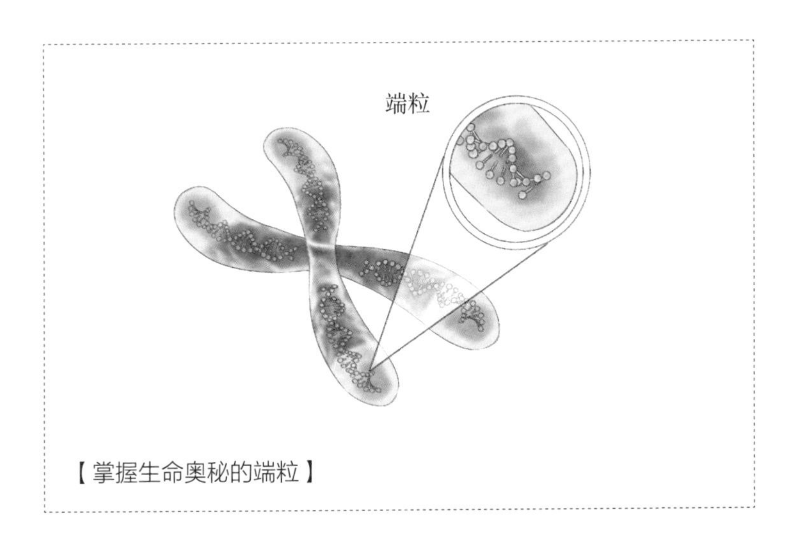

【掌握生命奥秘的端粒】

4

蝙蝠为什么能百毒不侵

蝙蝠有特殊的免疫机制

蝙蝠还有特殊的免疫机制，可以和许多病毒和平共处。蝙蝠之所以携带着众多的病毒，病毒之所以偏偏选择蝙蝠，都与蝙蝠的免疫机制有关。

一些人认为，蝙蝠在飞行过程中代谢速率极大提高，体温可高达 38 ~ 41℃，通过开启这一“发烧模式”，有效地抑制了病毒的复制。

但也有人提出质疑：蝙蝠并不总在飞行，它们睡眠甚至冬眠的时候，体温会降低，并不能总依靠高热抑制病毒的复制。蝙蝠其实也怕热，每年澳大利亚、印度等地有许多狐蝠在高温天被热浪炙烤而死。而且实验表明，即便将温度升高到 41℃，马尔堡病毒、埃博拉病毒等病毒的复制也不会受到影响。鸟类在飞行过程中也能产生高热，但并不见得它们能像蝙蝠那样“百毒不侵”。

答案还得从蝙蝠特殊的免疫机制中寻找。

由于蝙蝠在飞行过程中代谢速率很高，需要消耗大量的能量，并不断有受损的 DNA 片段游离到细胞质中。但细胞质中是不应该出现DNA的，其他哺乳动物（包括人类）的免疫系统一旦识别出这些游走的DNA片段，便会将其定性为某种入侵的致病生物并与之对抗。炎性小体作为固有免疫的重要组成部分，会引发一般所说的炎症，去杀死病毒等外来“侵略者”。由于蝙蝠经常需要飞行，如果因为飞行而不断产生炎症的话，无疑会对自身造成很大的伤害。它们最终在演化过程中忽略了这一机制。正由于此，蝙蝠体内负责对微生物DNA作出应答反应的PYHIN基因家族缺失，炎性小体蛋白活性大大降低，以至于当它们真正受到病毒（病毒以DNA或RNA的形式存在）的侵袭时，也不会引发强烈的炎症。

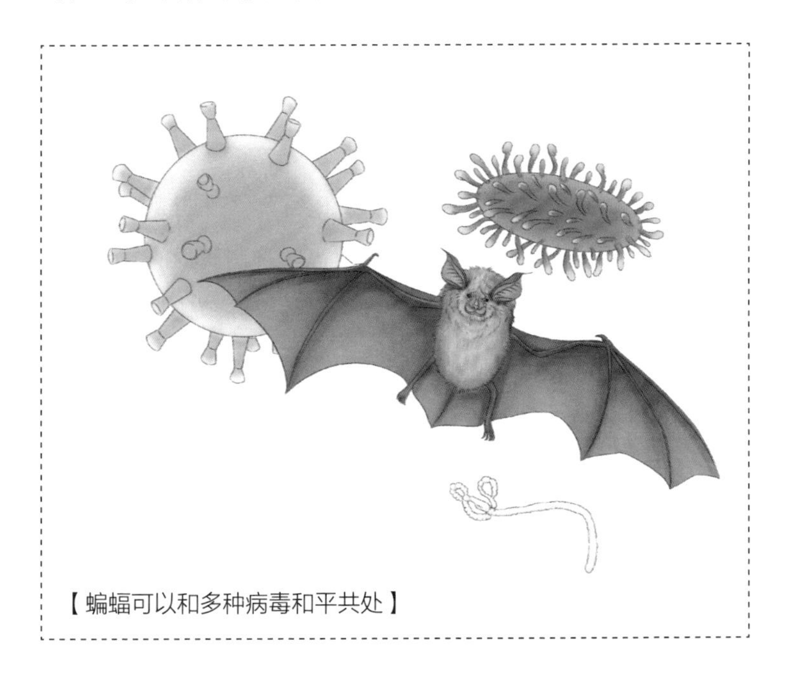

【蝙蝠可以和多种病毒和平共处】

因此，蝙蝠与其他哺乳动物（包括人类）对抗病毒的策略是不同的。感染新型冠状病毒之后，人体之所以会遭受极大的损伤，主要是因为人体的免疫系统面对前所未见的病毒，会启动“炎症模式”来对抗病毒。蝙蝠则不然。一方面，蝙蝠演化出了特殊的 DNA 损伤修复能力，能极大地减少高代谢速率的负面影响；另一方面，它们找到了与病毒的特殊相处之道，即对病毒睁一只眼闭一只眼。因此，它们不会因过度的炎症而导致身体机能受损、衰老以及癌症——这也是蝙蝠长寿的一大原因。

但这并不意味着蝙蝠会听任病毒在自己体内兴风作浪。与人类受到感染才会触发免疫系统不同，蝙蝠的免疫系统始终处于激活状态，能够预警并有效抵御病毒的侵袭。其中，发挥关键作用的是干扰素。干扰素是一种抑制病毒在细胞内增殖的蛋白质，当有病毒入侵时，动物或人的体内会产生干扰素，帮助未感染的细胞合成抗病毒蛋白，从而抑制病毒的进一步增殖。与其他动物以及人类不同的是，蝙蝠体内的干扰素始终保持着活跃的状态，即便没有病毒入侵，也依然在工作。蝙蝠体内的干扰素能先发制人，在感染之前，便将细胞与病毒隔离开来，从而免受病毒的侵染。一般来说，全天候开启免疫系统是危险的，可能会伤及健康的组织和细胞，而蝙蝠却基本没有这样的顾虑。

总之，蝙蝠寻找到了与病毒“和平共处”的方式，既不会彻底杀死病毒，也不会让病毒肆虐。而蝙蝠的特殊免疫机制，正是在适应飞行的过程中产生的，可以说是飞行能力的副产品。

其实，蝙蝠也并不是真正的“百毒不侵”，狂犬病毒等仍有可能造成蝙蝠严重感染。在数千万年的演化过程中，蝙蝠与病毒相爱相杀，对病毒敏感的个体早已被淘汰。同时，病毒也在适应蝙蝠。病毒需要宿主才能生存，所以病毒也并不以杀死宿主为己任。在与蝙蝠的长期斗争中，能在蝙蝠身上存活的病毒也久经考验，绝非等闲之辈。这些病毒往往耐高热，且更容易复制。当它们转移到其他动物甚至人类身上时，由于其并没有类似蝙蝠的免疫机制，因而很容易引发严重的感染。

蝙蝠近乎开挂的免疫系统，令它们几乎百毒不侵，但也令它们成为一些病毒的自然宿主，给其他动物和人类带来了潜在的威胁。

蝙蝠与病毒

[蝙蝠是病毒库吗]

[亨德拉病毒]

[尼帕病毒]

[其他副黏病毒科病毒]

[狂犬病毒]

[马尔堡病毒]

[埃博拉病毒]

[SARS 病毒]

[MERS 病毒]

[其他冠状病毒]

正是由于其特殊的免疫机制，蝙蝠成为众多病毒的理想宿主。那么，是否所有的蝙蝠都是病毒库呢？又有哪些病毒与蝙蝠有关呢？

蝙蝠是病毒库吗

具体到每个蝙蝠个体，其所携带病毒的种类就更为有限

新冠肺炎疫情暴发以来，不少媒体渲染蝙蝠与病毒的关系，称蝙蝠携带着 1000 多种甚至 4000 多种病毒。这些说法无疑有夸大之嫌。目前，研究人员在全世界各种蝙蝠的身上累计发现了 100 种左右的病毒。这些病毒属于正黏病毒科、副黏病毒科、弹状病毒科、丝状病毒科、冠状病毒科、星状病毒科、布尼亚病毒科、披膜病毒科、黄病毒科、呼肠孤病毒科、沙粒病毒科、嗜肝病毒科和疱疹病毒科等，以 RNA 病毒居多。其中，不少病毒能感染人类，即人兽共患性病毒。

但这并不意味着每只蝙蝠都是病毒库。不同种类的蝙蝠，所携带的病毒种类和数量并不相同。携带病毒的蝙蝠主要属于狐蝠科、叶口蝠科、犬吻蝠科、菊头蝠科、蝙蝠科和鞘尾蝠科。如在大足鼠耳蝠（属于蝙蝠科）这种蝙蝠中，累计检测到 5 种病毒；在马铁菊头蝠（属于菊头蝠科）这种蝙蝠中，累计检测到 6 种病毒。每种蝙蝠，平均能携带 2.71 种病毒。不同的病毒也会存在于不同种类的蝙蝠体内，如每种病毒平均存在于 4.51 种蝙蝠中。

具体到每个蝙蝠个体，其所携带病毒的种类就更为有限。如果你恰巧遇到一只蝙蝠，它身上很可能只携带着一两种病毒或者没有病毒。有些人误以为，每只蝙蝠体内都有成百上千种病毒。其实不然，每只蝙蝠携带的病毒并不比其他野生动物的多。而且，大多数蝙蝠与人类没有太多的交集。如果不是人类有意打扰蝙蝠，蝙蝠身上的病毒与人类几乎不会发生什么联系。常栖息在人类房屋中的蝙蝠（如东亚伏翼），由于适应了人类的生活环境，通常对人类也构不成威胁。因此，人类直接因蝙蝠而感染病毒的概率并不大。渲染每只蝙蝠都“有毒”或每种蝙蝠都携带着某种病毒，正如渲染每个人身上都携带着 HIV 病毒一样，并不合理。

那么，为什么会在蝙蝠群体中发现这么多的病毒呢？这与蝙蝠分布广泛、种类众多有关。世界上有 1400 多种蝙蝠，分布于南北极之外的世界各地，是哺乳动物的第二大类群。虽然具体到某一种类或某一个体上，蝙蝠身上并没有多少病毒，但从整个类群来看，蝙蝠仍是病毒大户。与蝙蝠相似的是鸟类以及哺乳动物第一大类群——啮齿类，也都是病毒大户。蝙蝠还有一些自己的特点，如寿命相对较长，生活环境往往高度密集、阴暗潮湿，不同种类的蝙蝠有时也会混居，有的蝙蝠还会长距离迁徙。因此，不同的病毒会在不同蝙蝠之间交叉感染、集散。蝙蝠有特殊的免疫机制，能够与许多病毒“和平共处”。这些因素都决定了蝙蝠这个类群中存在更多的病毒。

由于蝙蝠是哺乳动物，与同样携带着众多病毒的鸟类相比，蝙蝠携带的病毒更容易感染同是哺乳类的人。更为重要的是，由于蝙蝠具有独特的生理构造，病毒在蝙蝠这个“炼丹炉”内“修炼”得更加耐热、更容易复制，对其他哺乳动物（包括人类）来说更为凶险。尽管蝙蝠携带的病毒很难直接传染给人，然而一旦它们在某种契机之下进入人类社会，或在其他宿主体内完成变异，就有可能会引发可怕的传染病。

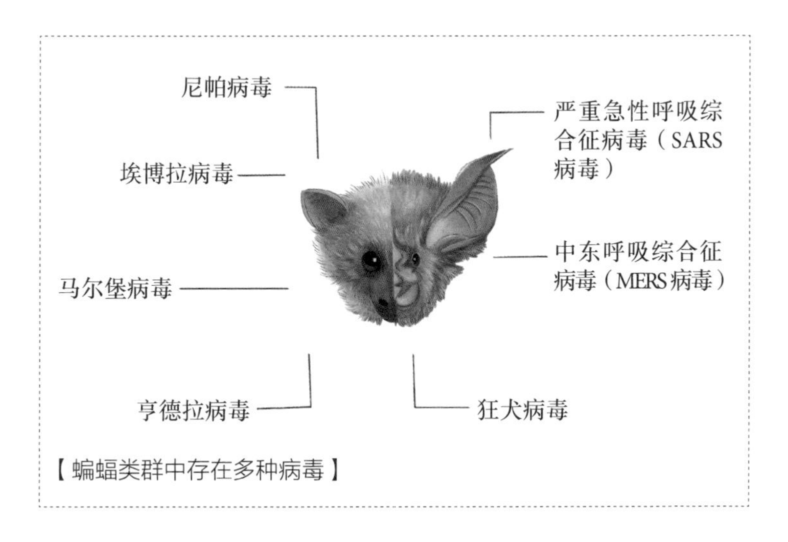

【蝙蝠类群中存在多种病毒】

2

亨德拉病毒

因最初被发现于澳大利亚的亨德拉镇而得名

亨德拉病毒（Hendra virus，Hev）旧称马科麻疹病毒（Equine morbilli virus）。这一古老的病毒在20世纪末才进入人们的视线，因首度被发现于澳大利亚昆士兰州首府布里斯班近郊的亨德拉镇而得名。

1994年9月，亨德拉镇的一个赛马场暴发了一种严重感染马和人的致死性呼吸道疾病。最先得病的是一匹怀孕母马，后来导致总共21匹赛马和3人感染，这3人分别是救治过怀孕母马的驯马师、饲养员和兽医。驯马师后来因肾衰竭以及呼吸困难在医院死去；饲养员有感冒症状，在6周后恢复，但他的呼吸系统在此后受到了严重影响；兽医的血清经测试为阳性，但无症状。最终，那次疫情导致14匹马和1人死亡。

此后，亨德拉病毒感染事件多次发生。截至2016年7月，已报告53起疾病事件，涉及70多匹马，共有7人感染，4人死亡。随着牧草管理的科学化以及马用疫苗的普及，亨德拉病毒已经得到有效控制。

经血清学和病毒分离，研究人员发现，生活在澳大利亚的灰头狐蝠（拉丁学名：*Pteropus poliocephalus*，英文名：grey-headed flying fox）、中央狐蝠（拉丁学名：*Pteropus alecto*，英文名：black flying fox，又称黑妖狐蝠）、眼圈狐蝠（拉丁学名：*Pteropus conspicillatus*，英文名：spectacled flying fox，又称眼镜狐蝠）和小红狐蝠（拉丁学名：*Pteropus scapulatus*，英文名：littlered flying fox，又称岬狐蝠）是亨德拉病毒的自然宿主，马则为中间宿主，人类通过马感染病毒。

【亨德拉病毒的传播途径】

3

尼帕病毒

因最初被发现于马来西亚的尼帕村而得名

尼帕病毒（Nipah virus，又译作尼巴病毒）与亨德拉病毒是近亲。在亨德拉病毒和尼帕病毒被发现之后，研究人员将它们共同划为亨尼病毒属（Henipavirus），归入副黏病毒科（Paramyxoviridae）。它们的自然宿主都是狐蝠。

由尼帕病毒引发的疾病叫“尼帕病毒病”，又称“尼帕病毒性脑炎”。1998 年 9 月—1999 年 4 月，尼帕病毒病在马来西亚首次暴发，先是导致尼帕村等地的家猪大量死亡，继而传染给人类，导致 265 人（主要是养猪场工人）感染，105 人死亡。人类感染尼帕病毒后会产生发热、头痛、肌痛和脑脊髓膜炎等症状，康复后的患者多数有一定的神经性后遗症。为了控制疫情，马来西亚捕杀了 116 万多头生猪和 2 万多只其他动物。

此外，尼帕病毒病也曾在新加坡、马来西亚、孟加拉国、印度和菲律宾等国出现。近年来，孟加拉国和印度的疫情频繁出现。最近一次受到世人关注的疫情发生在印度，时间是 2018 年 5 月，共确诊 19 人、死亡 17 人。截至 2018 年 6 月，全球共报告尼帕病毒感染病例 662 例，死亡 369 例，病死率达 55.7%。

目前，尼帕病毒病尚缺乏有效的药物和疫苗，病死率极高，其生物安全等级为最高的四级（biosafety level 4）。

马来西亚尼帕病毒病的发病原因：先是黑喉狐蝠（拉丁学名：*Pteropus hypomelanus*，英文名：island flying fox，又称小狐蝠）或马来大狐蝠将病毒传染给家猪，人类通过家猪这个中间宿主感染。南亚地区的疫情则是：印度狐蝠（拉丁学名：*Pteropus giganteus*，英文名：Indian flying fox）通过被污染的果实（如椰枣），将病毒传染给人类，人际传播又令疫情扩大。菲律宾的疫情则与屠宰病马或食用未煮熟的马肉有关，同时也存在人际传播。

2011 年上映的美国电影《传染病》（*Contagion*）和 2019 年上映的印度电影《尼帕病毒》（*Nipah Virus*，又名《病毒印度》），都是以尼帕病毒病疫情为原型创作的。

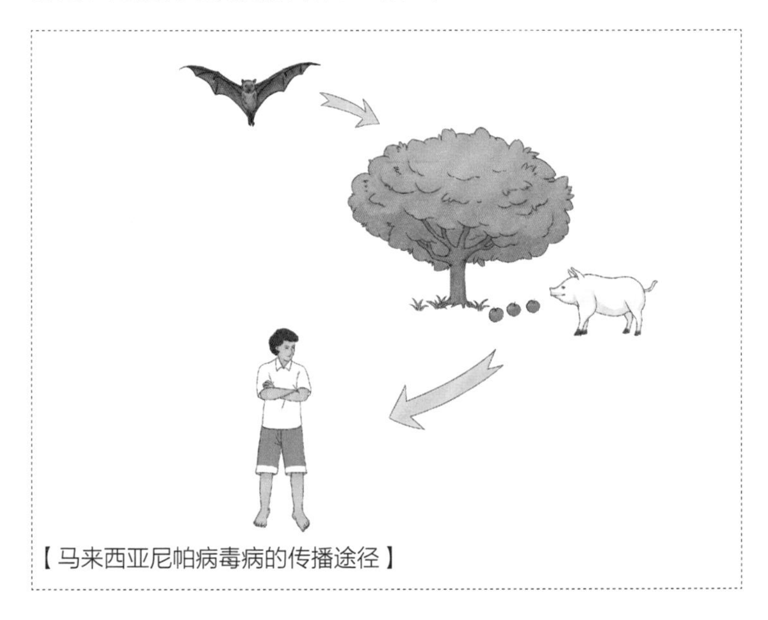

【马来西亚尼帕病毒病的传播途径】

4

其他副黏病毒科病毒

刁曼病毒与梅那哥病毒也都是副黏病毒科的病毒

刁曼病毒（Tioman virus）与梅那哥病毒（Menangle virus，又称梅南哥病毒）也都是副黏病毒科的病毒，属于腮腺炎病毒属（Rubulavirus）。

研究人员在追踪尼帕病毒自然宿主的过程中发现，马来西亚刁曼岛上的黑喉狐蝠携带有一种病毒，即刁曼病毒。这种病毒尚未在动物和人类中引发严重的感染事件，但它与在澳大利亚发现的梅那哥病毒有很亲密的亲缘关系。

1997 年 4 月，梅那哥病毒引发的疫情在澳大利亚新南威尔士州的梅那哥暴发。与尼帕病毒一样，梅那哥病毒首先出现在养猪场。这种病毒能导致母猪产仔率下降、死胎、流产、胎儿木乃伊化和新生仔猪骨骼异常、脊髓和脑组织严重退化。该病毒也能感染人，人类感染后，会出现流感症状和皮疹。

除澳大利亚外，其他国家未见感染梅那哥病毒的报道。与亨德拉病毒一样，研究人员也将梅那哥病毒的源头锁定在灰头狐蝠、中央狐蝠和眼圈狐蝠这几种狐蝠身上。

此外，2012 年，澳大利亚的研究人员还曾从狐蝠体内分离出了一种与亨德拉病毒、尼帕病毒亲缘关系很亲密的新病毒——松湾病毒（Cedar virus）。

2012 年发现的另一种病毒——Sosuga 病毒，也来自蝙蝠的副黏病毒科。当时，一位野生动物学家在南苏丹和乌干达进行为期 6 周的野外探险，返回美国后，引发了严重的急性发热性疾病。经检测，这是一种全新的副黏病毒科病毒。

5

狂犬病毒

1936 年，研究人员首次在蝙蝠体内分离出狂犬病毒

狂犬病毒（Rabies lyssavirus，又称基因 1 型狂犬病毒、古典狂犬病毒）属于弹状病毒科（Rhabdoviridae，因形似子弹而得名）、丽沙病毒属（Lyssavirus，又称狂犬病毒属）。丽沙病毒属目前发现有 18 种基因型的病毒，包括通常所说的狂犬病毒以及其他“狂犬病相关病毒”。丽沙（Lyssa，又译作吕萨）是古希腊神话中的狂怒女神，而狂躁正是一些动物和人类感染狂犬病病毒后的表现。

自 1936 年首次在蝙蝠体内分离出狂犬病毒以来，研究人员已在各类蝙蝠中发现了 18 种丽沙病毒中的 16 种。这 16 种病毒中，除了狂犬病毒能在其他哺乳动物中传播，其他 15 种基因型的丽沙病毒几乎只出现在蝙蝠身上。

除澳大利亚、南极洲以及个别岛屿之外，狂犬病毒广泛出现在世界各地，可以感染各类哺乳动物（尤其是犬类，也包括人类）。值得注意的是，北美洲和南美洲的蝙蝠以及其他哺乳动物所携带的丽沙病毒全部属于狂犬病毒，而未发现其他基因型；而美洲之外的地区，虽然有其他哺乳动物感染狂犬病毒，但没

有明确的证据表明，当地的蝙蝠能携带狂犬病毒。这意味着蝙蝠如果能传播狂犬病毒，那基本只会发生在美洲地区。

狂犬病毒一旦发作，人会有恐水、怕风、喉头肌肉痉挛和全身瘫软等症状，死亡率为 100%，每年能导致约 5.9 万人死亡。虽然没有治疗方法，但疫苗已经普及。人主要因被携带病毒的动物咬伤或抓伤而感染。在美洲之外的地区，病毒的主要来源是犬类；在美洲，如果意外被蝙蝠咬伤或抓伤，也需要格外注意。由于大规模宠物疫苗接种计划和拴狗法的实施，狂犬病毒基本已经在北美地区的家养宠物中绝迹。美国每年感染狂犬病毒的人数，已经从 20 世纪 40 年代的每年 30 ~ 50 例，降低到现在的每年 1 ~ 3 例。目前的感染途径主要是蝙蝠（如巴西犬吻蝠）、浣熊、狐狸和臭鼬等野生动物。有的美国病例，是由患者在蝙蝠洞中吸入了带有狂犬病毒的气溶胶所致。

北美的蝙蝠主要以昆虫为食，如果不是人类主动打扰它们，它们也不会主动攻击人类。但生活于南美的吸血蝠则有可能为了吸血而主动咬人，这就带来了极大的风险。如 2005 年 5 月，巴西帕拉州在一个月内便有 22 人因被吸血蝠咬伤感染狂犬病而身亡。当然，并不是所有的美洲蝙蝠都携带狂犬病毒，即便是在狂犬病毒出现最多的中美洲，也只有不到 0.5% 的蝙蝠携带该病毒。

狂犬病毒之外的其他基因型丽莎病毒，则全部出现于美洲之外的地区，主要是欧洲、中亚、非洲和澳大利亚。这些病毒非常罕见，基本仅存在于蝙蝠体内，而且很少能传给人类。

1936 年至今，全球范围内由这些病毒所引起的人类死亡病例只有 10 多人。

【狂犬病毒】

6

马尔堡病毒

埃及果蝠为马尔堡病毒的自然宿主

马尔堡病毒（Marburg virus）属于丝状病毒科（Filoviridae，因形似丝线而得名）、马尔堡病毒属（Filovirus）。丝状病毒科包括马尔堡病毒属、埃博拉病毒属（Ebolavirus）、奎瓦病毒属（Cuevavirus）和滇丝病毒属（Dianlovirus），丝状病毒的共同祖先大概出现在 1 万年前。马尔堡病毒属和埃博拉病毒属出现在非洲，奎瓦病毒于 2010 年在西班牙的蝙蝠身上发现，滇丝病毒于 2019 年在云南地区的棕果蝠身上发现。其中，马尔堡病毒是人类最早认识的丝状病毒。

马尔堡病毒的发现要追溯到 1967 年，当时在联邦德国的马尔堡、法兰克福和南斯拉夫的贝尔格莱德，有几所医学实验室的工作人员感染了一种严重的出血热，另有医务人员受到二次感染，总共有 31 人发病，7 人死亡。由于该病毒最早在马尔堡出现，因而被命名为“马尔堡病毒”，由其引发的疾病被称为“马尔堡病毒病”（又称马尔堡出血热、非洲出血热、青猴病）。

后来经调查发现，病毒来自一种实验动物非洲绿猴。为了研制小儿麻痹症疫苗，联邦德国的医药公司将那些绿猴从非洲的乌干达引入。但这些绿猴并非真正的源头，埃及果蝠后来被证实为马尔堡病毒的自然宿主。

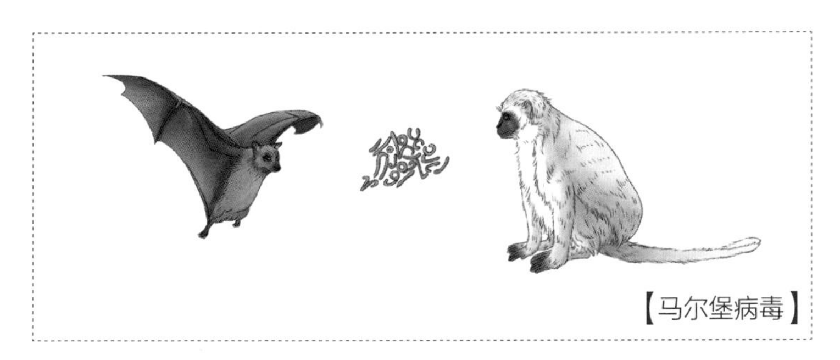
【马尔堡病毒】

1967 年之后，非洲又多次暴发马尔堡病毒病疫情。1975 年在南非、1980 年和 1987 年在肯尼亚，都有小范围传播事件发生。1998—2000 年，刚果（金）有 149 人感染，123 人死亡。2004 年 10 月—2005 年 7 月，安哥拉有超过 300 人死亡。2014 年、2017 年，马尔堡病毒病又在乌干达出现。最容易感染马尔堡病毒的是儿童，有 75% 的感染者是 5 岁以下的儿童。

马尔堡病毒可通过携带病毒的蝙蝠或灵长类动物传染给人类，人际传播主要通过体液（如血液、排泄物、唾液和呕吐物等）传播。该病毒具有高致病性和高传染性，且缺乏特效药和疫苗，平均病死率约为 50%，在一些医疗条件落后的地区病死率可达 88%。感染者有发热、腹泻、呕吐和“七窍流血”等症状，严重者会在病发后一周内死亡。马尔堡病毒的生物安全等级是最高的四级。

2019 年首播的美剧《血疫》（*The Hot Zone*，又名《埃博拉浩劫》）改编自美国科普作家理查德·M. 普雷斯顿（Richard M. Preston，1954 年—　）的同名畅销书。恐怖小说大师斯蒂芬·金（Stephen King，1947 年—　）曾说：“《血疫》的第一章，是我这辈子读过最可怕的场景。”这部美剧的开头便呈现了 1980 年肯尼亚发生马尔堡病毒病疫情的场景。

7

埃博拉病毒

埃博拉病毒的自然宿主被认定为蝙蝠

美剧《血疫》的主题是另一种可怕的病毒——埃博拉病毒（Ebola virus，又译作伊波拉病毒）。这部美剧之所以提到马尔堡病毒，是因为剧中的研究人员一开始误以为，在猴子身上检测出的病毒是马尔堡病毒。马尔堡病毒和埃博拉病毒可谓近亲，都是丝状病毒，且起源地、自然宿主、传播途径、症状和病死率等方面都极为相似。

埃博拉病毒得名于刚果（金）北部的埃博拉河。1976 年，在刚果（金）周边地区发现 318 个病例，死亡 280 例；在苏丹南部发现 284 个病例，死亡 151 例。这是埃博拉病毒的首次大流行。

埃博拉病毒主要有 6 种类型：出现于刚果（金）的为扎伊尔型（Zaire ebolavirus），出现于苏丹的是苏丹型（Sudan ebolavirus）；此外，还有本迪布焦型（Bundibugyo ebolavirus）、塔伊森林型（Taï Forest ebolavirus）、莱斯顿型（Reston ebolavirus）和邦巴利型（Bombali ebolavirus），它们的共同祖先来自非洲。莱斯顿型对人类没有明显威胁，除了出现在菲律宾运往美国和意大利的食蟹猴中，也曾出现在菲律宾和上海的养猪场中。美剧《血疫》的最后是虚惊一场，因为患病的猴子感染的是对人类没有威胁的莱斯顿型病毒。至于邦巴利型，2018 年才在蝙蝠体内被发现，能否导致人类发病，尚不清楚。

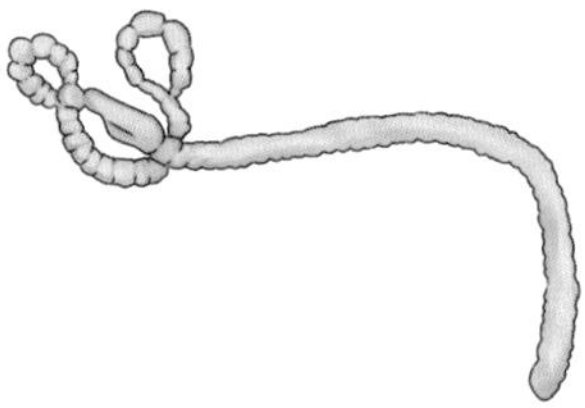

【埃博拉病毒】

在 1976 年的首次大流行之后，1979 年在苏丹，1994 年在加蓬，1995 年在刚果（金），1996 年在加蓬，2000 年在乌干达，2001—2003 年在刚果（布）、加蓬，2004 年在苏丹，2005 年在刚果（布），2007—2008 年、2011—2012 年在乌干达、刚果（金），2013—2016 年在西非 3 国（塞拉利昂、几内亚和利比里亚）、刚果（金）和尼日利亚等国，2018—2020 年在刚果（金），由埃博拉病毒引起的埃博拉病毒病（又称埃博拉出血热）一再肆虐。

其中，死亡人数最多的是 2013—2016 年发生在西非 3 国的疫情，共报告 28616 个病例，死亡 11310 例。2018 年，在刚果（金）又发生疫情，截至 2020 年 2 月 11 日，共报告了 3432 个病例，死亡 2253 例。

埃博拉病毒的自然宿主被认定为蝙蝠，如安哥拉犬吻蝠（拉丁学名：*Mops condylurus*，英文名：Angolan free-tailed bat，又称安哥拉游离尾蝠）这种食虫蝠以及锤头果蝠、富氏饰肩果蝠（拉丁学名：*Epomops franqueti*，英文名：franquet's epauletted bat）、小领果蝠（拉丁学名：*Myonycteris torquata*，英文名：little collared fruit bat）等食果蝠。此外，受感染的绿猴、黑猩猩和大猩猩等灵长类以及羚羊、豪猪等动物也可能将病毒传染给人类。

病毒可通过体液进行人际传播，非洲一些地方流行送葬者碰触死者尸体的葬礼仪式。这加剧了病毒的传播速度和范围（马尔堡病毒病也存在类似的情形）。与马尔堡病毒病相似，埃博拉病毒病的症状也是发热、腹泻、呕吐和出血等，但相对来说更为严重一些。埃博拉病毒病的平均死亡率约为50%，有的地区可达90%。目前，已有相对有效的药物和疫苗投入使用，有助于遏止病毒的扩散。在新冠肺炎疫情中受到大家广泛关注的药物瑞德西韦，最初便是针对埃博拉病毒研制的。埃博拉病毒的生物安全等级也是最高的四级。

8

SARS 病毒

SARS 病毒的源头可以追溯到中华菊头蝠身上

严重急性呼吸综合征病毒（severe acute respiratory syndrome virus，SARS-CoV）属于冠状病毒科（Coronaviridae），这一类的病毒外形为带突起尖刺的球形，因形似中世纪欧洲的皇冠而得名。由其引发的疾病为重急性呼吸综合征，也曾被称为“传染性非典型肺炎”（简称“非典”）。

2002 年 11 月，SARS 病毒首先出现在广东佛山。后来，疫情在广州、北京等地暴发，波及全球 32 个国家和地区。2003 年 6 月，疫情在全球范围内基本结束。截至 2003 年 8 月 16 日，中国大陆共报告 5327 个病例，死亡 349 例；全球范围内共报告 8422 个病例，死亡 919 例，死亡率为 11%。

SARS 病毒主要通过人与人之间近距离呼吸道飞沫及密切接触传播，具有较强的传染性。一般来说，传染性强的病毒往往病死率不高，但 SARS 病毒是少有的兼具高传染性和高病死率的病毒。被感染后，患者会出现发热、咳嗽、腹泻、呼吸衰竭、多脏器功能衰竭等症状。疫情流行期间，并没有特效药物和疫苗。疫情结束后，SARS 病毒也没有再卷土重来，疫苗和相关药物的研制只得在临床试验阶段中止。SARS 病毒的生物安全等级为三级。

最初研究人员难以确定引发疫情的罪魁祸首，一度认为是衣原体引发了疫情。直到 2003 年 4 月，病原体才被确认为一种新型的冠状病毒。病毒的来源曾经一度被锁定在果子狸身上，但后来发现，果子狸只是中间宿主。2005 年，研究人员开始将目标锁定为蝙蝠。2013 年，中国科学院武汉病毒研究所的研究团队在云南晋宁的一个蝙蝠洞里，检测到了与 SARS 病毒高度同源的类 SARS 冠状病毒，说明 SARS 病毒的源头可以追溯到中华菊头蝠（拉丁学名：*Rhinolophus sinicus*，英文名：Chinese horseshoe bat，又称中华马蹄蝠）身上。

【SARS 病毒的传播途径】

9

MERS 病毒

研究人员在埃及墓蝠身上找到了 MERS 病毒的相关 DNA 片段

中东呼吸综合征病毒（Middle East respiratory syndrome coronavirus，MERS-CoV）是继 SARS 病毒之后的另一种对人类产生重大威胁的冠状病毒。MERS 病毒通过单峰骆驼这个中间宿主传给人类，其自然宿主也被认为是一种蝙蝠。研究人员在埃及墓蝠（拉丁学名：*Taphozous perforatus*，英文名：Egyptian tomb bat）身上找到了相关的 DNA 片段。这种蝙蝠通常生活在古老的、被废弃的建筑物中。

MERS 病毒主要流行于沙特阿拉伯、阿联酋等中东国家，因此得名。2015 年，韩国也曾一度暴发疫情，共导致 187 人感染，

【MERS 病毒的传播】

38 人死亡。同年，中国的广东惠州曾有过一个来自韩国的输入性病例。截至 2019 年 9 月，沙特阿拉伯共报告 2077 个病例，死亡 773 例；全球范围内共报告 2468 个病例，分布于 27 个国家，死亡 851 例，病死率为 37.8%。直到 2020 年，MERS 的病例仍时有发现。

与 SARS 病毒相比，MERS 病毒的传染力相对弱一些，但病死率更高。MERS 的传播方式和症状均类似于 SARS，目前尚无特效药和疫苗。MERS 病毒的生物安全等级为三级。

10

其他冠状病毒

冠状病毒科可分为 α、β、γ 和 δ 4 个属，可以感染哺乳类或鸟类

冠状病毒科可分为α、β、γ和δ 4个属，可以感染哺乳类或鸟类，具有突变率高、宿主分布广泛等特点。目前所知的能感染人的冠状病毒有7种，其中，SARS病毒、MERS病毒和新型冠状病毒（SARS-CoV-2）均属于β属；另外4种能感染人的冠状病毒是属于α属的人冠状病毒229E和人冠状病毒NL63，以及属于β属的人冠状病毒OC43和人冠状病毒HKU1。它们在人群中较为常见，通常仅引起类似于普通感冒的轻微呼吸道症状。有研究人员指出，所有的人类冠状病毒甚至是哺乳动物的冠状病毒追根溯源，都来自蝙蝠。尤其是类SARS冠状病毒，更是与蝙蝠密切相关。

有的冠状病毒虽然没有感染人类，但能对家禽家畜产生危害。如由传染性支气管炎病毒（infectious bronchitis virus，IBV）引起的鸡传染性支气管炎可在鸡群中扩散，对家禽养殖业危害较大。再如2016年10月至2017年5月，广东清远的4个养猪场暴发仔猪致死性疾病，共造成24693头仔猪死亡。而导致这次疫情的病毒，便是一种来自菊头蝠的新型冠状病毒。这种病

毒被命名为猪急性腹泻综合征冠状病毒。

在发现有类 SARS 冠状病毒的云南蝙蝠洞里，研究人员还发现了许多其他的冠状病毒，这个洞穴俨然是冠状病毒的天然基因库。此外，研究人员在美洲、欧洲、非洲和大洋洲的蝙蝠身上均发现有冠状病毒。考虑到冠状病毒的“溢出风险”，在 2013 年，研究人员便提醒大家不要侵扰蝙蝠以及其他野生动物，以防下一种冠状病毒来袭。

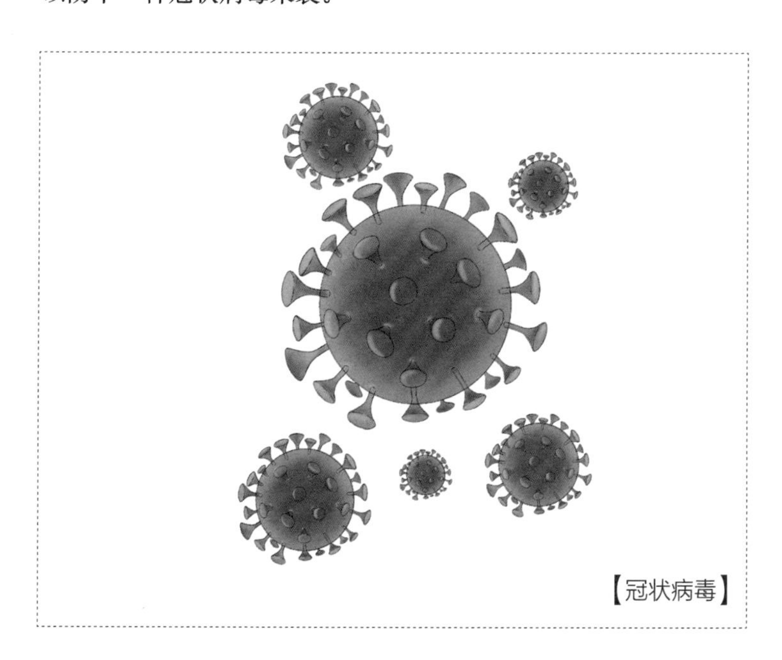

【冠状病毒】

病毒是如何进入人类社会的

[人类接触中间宿主]

[人类直接接触来自蝙蝠的病毒]

[为什么最近半个世纪新病毒频繁出现]

不少野生动物携带着病毒，好似病毒的温床。病毒从动物到人，被称为“溢出事件”。那么，病毒是如何从蝙蝠群体中“溢出”到人类社会的呢？

1

人类接触中间宿主

在某种契机下，蝙蝠携带的病毒在中间宿主身上变得更具传染性、威胁性，从而更容易接近人类

尽管有的蝙蝠携带了病毒，但通常情况下，蝙蝠并不会直接将病毒传给人类。其中，一个很大的原因是蝙蝠与人类缺乏交集，直接接触的机会并不多。而且，蝙蝠身上的病毒由于缺乏打开人体细胞的钥匙，并不容易直接感染人类。蝙蝠身上的病毒往往是在中间宿主身上演化、变异之后，跨越物种间的屏障，进入人类世界。

因此，在很多时候，蝙蝠扮演了病毒自然宿主的角色，而其他哺乳动物则属于中间宿主。病毒的自然宿主本身并不会发病，或反应很小，因此可以长期和病毒和谐相处。蝙蝠的独特免疫机制使其成为许多病毒的理想宿主。再如野鸟是禽流感病毒的自然宿主，许多野鸟自身并不会发病。

中间宿主则会因病毒而发病，如 SARS 病毒的中间宿主果子狸，感染病毒之后会发病、死亡。禽流感病毒在变异之后，也可能会感染人类，家禽便扮演着中间宿主的角色。中间宿主通常更容易接近人类，病毒可能会在中间宿主的身上变得更加容易向人类社会渗透。

譬如马是亨德拉病毒由蝙蝠到人类的中间宿主。亨德拉病毒最初在赛马场暴发，最先发病的怀孕母马在外出吃草时被感染。研究人员推测，马群发病的时间正是狐蝠的繁殖季节，可能是由于马食用了被狐蝠胎儿组织或胎水污染的牧草，才导致了病毒感染。此外，也有可能是马因为食用了被狐蝠吃剩的水果而被感染。

尼帕病毒在马来西亚的源起，一般被认为是养殖场的猪食用了狐蝠吃剩或者被狐蝠粪便污染过的水果，养殖场工人则在与家猪接触的过程中感染病毒。美国电影《传染病》便以尼帕病毒引发的疫情为原型，在影片最后才呈现了传染病的起因：人类为了建养殖场而过度砍伐树木，狐蝠失去了栖息地，从而进入果园；果园附近的养殖场中，猪因食用了狐蝠吃剩的香蕉而染病；接触过病猪的厨师与一位美国游客握手，最终导致全球传染病的大流行。除了厨师与游客握手的细节，其他描述均高度还原了尼帕病毒的由来。影片中的传染病是脑炎症状，与尼帕病毒引发的病的症状相同。此外，菲律宾的尼帕病毒疫情则与马这一中间宿主有关。

马尔堡病毒和埃博拉病毒，最初的中间宿主被认为是灵长类动物，如非洲绿猴、大猩猩、黑猩猩，此外还包括羚羊、豪猪等动物。埃博拉病毒引发的疫情往往发生在干旱季节，有些动物可能因争食被蝙蝠污染的水果而感染病毒。埃博拉病毒又可通过这些受感染动物的血液、分泌物等发生体液传播。1994年，一位瑞典女科学家在解剖一只感染埃博拉病毒的黑猩猩尸体后发病。1996 年发生在加蓬的埃博拉疫情，以及 2001—2003 年发生在刚果（布）、加蓬的疫情，都显示最初的病例有接触大猩猩、黑猩猩尸体的经历。

MERS 病毒的中间宿主是单峰骆驼，有人通过接触受感染单峰骆驼的分泌物、排泄物、未煮熟的乳制品或肉而感染。单峰骆驼是中东的重要牲畜，与人类关系密切。因此，MERS 病毒疫情难以彻底遏止。

SARS 病毒虽然源自蝙蝠，但在从蝙蝠携带的病毒传播到人类病毒之间，存在一定的距离。在某种契机之下，蝙蝠携带的病毒在中间宿主身上变得更具传染性和威胁性，从而更容易接近人类。经过严格烹饪的野生动物，自然难以感染食客，但捕捉、销售、加工野生动物的人们，则存在极大的风险。电影《传染病》中也有 SARS 病毒的影子。有人认为，SARS 病毒的早期感染者是一位接触过野味的厨师，而影片中最先感染病毒的也是厨师。

与 SARS 病毒高度同源的病毒，被发现于云南的某个蝙蝠洞里，而在广东的果子狸体内也检测到了 SARS 病毒，在特别接近果子狸的人员（如贩卖者）血液里，同样检测到了 SARS 抗体。在某种情形下，某地的果子狸感染了这种病毒，并被销往广东的市场。病毒在新宿主体内实现了升级，传染性和致病性得到增强，病毒量也得以大量扩增，SARS 病毒便开始以全新的面貌“溢出”到人类社会。

在新冠肺炎疫情暴发之际，中国的大部分蝙蝠都在冬眠。

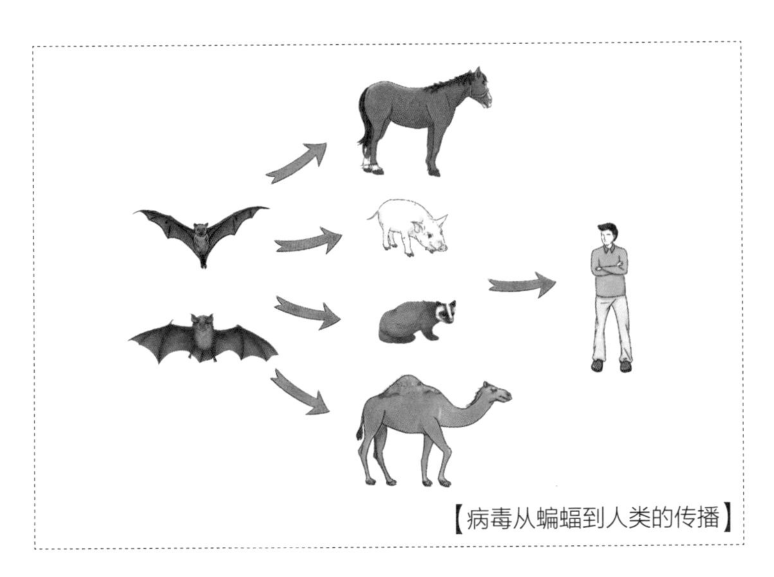

【病毒从蝙蝠到人类的传播】

因此，蝙蝠缺乏“作案时间”，没有证据表明病毒直接来自蝙蝠，中间应存在其他宿主。

可见，很多时候，病毒从蝙蝠到人，需要通过中间宿主来完成。而传递病毒的中间宿主，既有马、猪、骆驼这样的牲畜，也有猴子、黑猩猩和果子狸等野生动物。

2

人类直接接触来自蝙蝠的病毒

人类也可能直接接触来自蝙蝠的病毒

除了通过中间宿主，人类也可能直接接触来自蝙蝠的病毒。蝙蝠携带的病毒感染人类的主要方式有：被蝙蝠叮咬或抓伤，在蝙蝠洞中吸入带有病毒的气溶胶，食用被蝙蝠污染的水果，捕捉、烹饪蝙蝠。

最典型的是在美洲，如果被蝙蝠咬伤，存在感染狂犬病毒的风险。一般来说，美洲的蝙蝠不会主动咬人，大多数蝙蝠也没有携带狂犬病毒，但吸血蝠的确有主动攻击人的可能。

在马来西亚出现的尼帕病毒，来自猪这一中间宿主，但在印度和孟加拉国，疫情发生的时间往往是椰枣收获的季节。印度狐蝠啃食过或被其粪便污染过的椰枣，以及受污染椰枣所榨的果汁，都可能会成为病毒的传染源。此外，与狐蝠的直接接触，也能增加感染尼帕病毒的概率。印度电影《尼帕病毒》在最后揭露了疫情的由来：一位青年偶然在路上发现了一只坠落的狐蝠，便将它拾起放回树洞，但受到惊吓的狐蝠所分泌的病毒感染了这个青年。在热带地区，尤其在果园中，人类与蝙蝠的接触相对较多，存在一定的风险。

1998—2000 年，发生在刚果（金）的马尔堡疫情，便是由矿井工人接触地下矿井中的蝙蝠引发的。研究人员在对疫情起源地进行检测时，发现矿井中有 2 种食虫蝠和 1 种果蝠携带马尔堡病毒。

2007 年，发生在刚果（金）的埃博拉疫情，“零号病人”有食用蝙蝠的习惯，在发病之前曾接触过蝙蝠的血液，故疫情

【2013 年年底暴发的埃博拉疫情可能源自安哥拉犬吻蝠】

被认为源自蝙蝠。2013 年 12 月开始在西非 3 国暴发的埃博拉疫情，被认为源自安哥拉犬吻蝠。在此次疫情中，首位感染病毒的患者，是一个来自几内亚梅利扬杜瓦村的两岁男童。当地的儿童常捕捉躲在空心树中的蝙蝠，因此可能通过接触蝙蝠而感染了病毒。患病的男童随后将病毒传染给了母亲，母子在一周内死亡。随着周围的人来参加他们的葬礼，病毒被带往更多的地方，最终引发了上万人死亡的特大疫情。

在发现 SARS 病毒源头的云南蝙蝠洞附近，218 位当地村民中，有 6 人的类 SARS 冠状病毒血清抗体检测呈阳性。当地村民有时会去洞穴纳凉，或在家中直接接触蝙蝠，从而感染了来自蝙蝠的冠状病毒。但这种病毒本身并不会引发严重的后果，血清抗体阳性的村民并没有感到过不适。这说明，它本身的传染性和致病性都有限。可见，SARS 病毒的前身并不具有高致病性。同时，这一调查结果也说明了，蝙蝠身上的冠状病毒的确有可能直接传染给人类。

此外，有些地区的人常食用狐蝠，在捕捉、销售和加工的过程中，无疑是存在较大风险的。

包括蝙蝠在内的所有野生动物，都可能携带病毒。因此，我们要尽量避免打扰野生动物，拒绝滥食野生动物——这是对人类自身最好的保护。

3

为什么最近半个世纪新病毒频繁出现

人类一些过度破坏原始森林、打扰野生动物的行为，增加了病原体传播的风险

前面所列举的来自蝙蝠的病毒，尤其是一些高致病性的病毒，基本都是近半个世纪以来出现在人类社会的。有些人或许会有这样的疑问：为什么最近半个世纪新病毒频繁出现呢?

其实，这些新病毒一点也不新，有的已经陪伴蝙蝠等野生动物成千上万年了。

病毒从自然界到人需要一定的“机缘”，或者说存在偶然性。在某个错误的时间、错误的地点，通过某个错误的事件，病毒可能会变得更凶险、更容易感染人类。譬如，虽然流感病毒在欧亚大陆游荡了数千年，但直到1918年才实现全球大暴发，造成了全球约10亿人感染、5000多万人死亡。直到今天，流感病毒每年仍至少导致29万人死亡。再如，埃博拉病毒和马尔堡病毒，它们的共同祖先在七八百年前便已经存在。狂犬病毒的产生更早，可以追溯到一万多年前。

无论是中国还是其他国家，历史上大多将传染病统称为“瘟疫”，如中国古代的“疫”、希腊文的loimos、拉丁文的pestis、英文的plague等。有的病原体（可能是病毒，也可能是

细菌、真菌或寄生虫）可能早已出现，但我们已经很难准确地溯源。多次造成人类重大损失的鼠疫，由于有较丰富的文献记载，各时期的病死者尸骸也多有出土，所以我们可以确认早在5000年前，鼠疫杆菌便已经开始感染人类了。

近半个世纪以来，人类过度破坏原始森林、打扰野生动物的行为，增加了病原体传播的风险。故新发传染病（emerging infectious diseases，简称EID）的频频出现，人类自身也要承担很大的责任。

自20世纪70年代以来，已经有超过50种新发传染病被发现，几乎以每年一种的速度递增。全球每年死亡人口中，有25%死于传染病，而在非洲，这一比例更是高达60%。人类新发传染病中，有3/4与野生动物有关，即“人畜共患病”（zoonosis，又称动物源性疾病）。除了前面谈到的来自蝙蝠的疾病，获得性免疫综合征（艾滋病）、鼠疫、禽流感、莱姆病、猴痘、汉坦病毒肺综合征、拉沙热、登革热、裂谷热、西尼罗热、克里米亚－刚果出血热、疯牛病、炭疽病等传染病也都属于人畜共患病。由于人畜共患病的病原体同时存在于人类社会和自然界，要彻底消灭它们，便显得尤为困难。

研究人员发现，当蝙蝠面临栖息地遭到破坏、受到惊吓和捕捉、冬眠被唤醒以及遭受真菌感染等压力事件时，免疫系统会变弱，其体内的病毒便开始大量复制，并随蝙蝠的唾液和排泄物进入自然界，甚至人类社会。这一点，在印度电影《尼帕病毒》中也有过介绍。

如20世纪90年代亨德拉病毒的出现，便与澳大利亚过度砍伐森林里的树木、导致狐蝠失去栖息地而接近人类社会有关。

同样是在20世纪90年代，马来西亚为扩建猪圈而破坏森林，令一些狐蝠失去栖息地。为了寻觅食物，狐蝠进入猪圈附近的果园，导致果园里的水果被染污染。猪圈里的猪因食用了被污染的水果而被感染，进而引发尼帕病毒的流行。

再如，随着亚马孙流域森林的大量砍伐，南美洲吸血蝠的原有栖息地遭到破坏，导致它们向村落转移，进而发生了袭击村民并传播狂犬病的事件。

人类主动捕捉蝙蝠以及其他野生动物，更是增加了人类感染病毒的风险。其实，如果不是人类主动侵扰，蝙蝠和其他野生动物与人类社会通常鲜有交集。很多时候，悲剧是完全可以避免的。

有人认为，自然界向人类社会输出的病毒，是对人类破坏自然的报复。这并非全无道理。正是人类破坏了生态的平衡，所形成的连锁反应为“潘多拉魔盒”的打开，制造了契机。美剧《血疫》的结尾借女主人公南希·杰克斯（Nancy Jaax）之口，提出了这样的警告:“我们不能每次都等到灾难降临之后，再思考对策。”她还说了一段发人深省的话:

埃博拉病毒还有其他出血热病毒的出现，似乎是人类侵占以前不受干扰的自然环境的后果。你可能会说，地球免疫系统已经意识到了最具破坏性的病原体或许是人类。

敬畏生命
敬畏自然

中外文化中的蝙蝠

[全靠名字取得好]

[恶魔、女巫与吸血鬼]

[蝙蝠侠与青翼蝠王]

在不同的文化中，蝙蝠被赋予了不同的意义。而无论是正面，还是负面的意义，都不过是人们主观强加的设定而已。

1

全靠名字取得好

以这么一副尊容而能写入画图，实在就靠着名字起得好

在先秦时期，蝙蝠这种动物在中国古书以及出土文物中并没有多少存在感，其形象也无所谓好坏。有人认为，商代已经有所谓的玉蝙蝠，但该玉器（现藏中国国家博物馆）是否表现的是蝙蝠，仍值得怀疑。

秦汉以后，蝙蝠的出镜率越来越高。随着道家的兴起，蝙蝠逐渐化身为一种祥瑞。在文人墨客的笔下，蝙蝠多是作者托物言志的对象。

如三国时期的曹植的《蝙蝠赋》中写道：

吁何奸气，生兹蝙蝠。形殊性诡，每变常式。

说的是蝙蝠行动诡秘，是由邪气所化。在《蝙蝠赋》中，蝙蝠的形象比较负面。

白居易（772—846年）的《山中五绝句·洞中蝙蝠》中写道：

千年鼠化白蝙蝠，黑洞深藏避网罗。远害全身诚得计，一生幽暗又如何？

说的是千年的老鼠化作白蝙蝠，深藏在山洞中，因而可以逃脱猎人的罗网。白居易反问道：蝙蝠可以靠躲在山洞里保全

自己，但却要一辈子生活在黑暗中，这样又有什么意义呢？这是借蝙蝠来批判消极避祸的思想。

南宋的范成大（1126—1193年）则写过一首叫《蝙蝠》的诗：

伏翼昏飞急，营营定苦饥。聚蚊充口腹，生汝亦奚为！

说的是蝙蝠在黄昏出动捕食蚊虫，不过是为了填饱肚子。这首诗虽然肯定了蝙蝠消灭蚊虫的作用，但不无讥讽之意。

明代冯梦龙所编《广笑府·蝙蝠推奸》中的蝙蝠，则是狡诈圆滑之徒，与《伊索寓言》中的蝙蝠形象相近。

在中国文化的语境中，蝙蝠虽然偶尔有差评，但很多时候，蝙蝠是不折不扣的吉祥物。鲁迅（1881—1936年）曾在《谈蝙蝠》一文中说：

蝙蝠虽然也是夜飞的动物，但在中国的名誉却还算好的。

清人孟超然（1730—1797年）所撰《亦园亭全集·瓜棚避暑录》卷下说道：

虫之属最可厌莫如蝙蝠，而今之织绣图画皆用之，以与“福”同音也。

鲁迅的《谈蝙蝠》有类似的说法：

（蝙蝠在中国有好的名誉）这也并非因为他吞食蚊虻，于人们有益，大半倒在他的名目，和“福”字同音。以这么一副尊容而能写入画图，实在就靠着名字起得好。

由于“蝠”与“福”谐音，所以蝙蝠成了中国“福”文化的代言人。

蝙蝠作为一种意象，被赋予了许多吉祥的意义：蝙蝠倒挂，指“福倒（到）”；红色的蝙蝠，指“洪福”；五只蝙蝠，指“五福”；与鹿一道出现，指“福禄”；与桂花一道出现，指“富贵”；与寿星、寿桃一道出现，指“福寿”；与石榴一道出现，指“多子多福”；与铜钱一道出现，指“福在眼前”；与仰望的童子一道出现，指“翘盼福音”。

蝙蝠的形象，在汉代的铜镜上便已有出现。到了明清时期，蝙蝠的形象在建筑装饰、绘画、瓷器、雕塑和刺绣上频繁“亮相”。在清代皇帝的龙袍上，便绣着许多蝙蝠图案。曾先后作为和珅、永璘宅邸的恭王府，更是装饰了9999个蝙蝠图案，被誉为“万蝠（福）之地”。中国文化中的蝙蝠图案通常高度抽象化，并被寄寓美好的寓意。西方文化中的蝙蝠形象则往往凸显其丑陋、凶恶的一面，形成鲜明的反差。

【瓷器上的“五福捧寿”图案】

由于蝙蝠能飞且长寿，所以至迟从晋代开始，蝙蝠便成为道教及民间信仰中的灵兽。相传，吃了传说中的白蝙蝠，便可成仙。道教中的神仙、“八仙”之一的张果老，相传便是白蝙蝠化身而成。在捉鬼之神——钟馗的画像中，常绘有红蝙蝠引路。也有传说认为，钟馗由黑蝙蝠变化而来。民间信仰认为，如果犯了太岁，可以用九星化煞钱来消灾驱邪，九星化煞钱上面便有蝙蝠的形象。清代的蒲松龄（1640—1715年）在《驱蚊歌》中写道：

安得蝙蝠满天生，一除毒族安群氓。

古人已经意识到蝙蝠有驱除蚊虫的作用，将蝙蝠视作对人类友好的益兽。蝙蝠如果能到自己家的屋檐下栖息，则是“福临门”的征兆。

受到中国文化影响的国度，如日本等，蝙蝠也是吉祥的符号。

【钟馗与“洪福”】

2

恶魔、女巫与吸血鬼

在西方文化中，蝙蝠的形象通常相当负面，甚至是邪恶和魔鬼的象征

在西方文化中，蝙蝠的形象通常相当负面，甚至是邪恶和魔鬼的象征。英文中的许多习语，如 as blind as a bat（像蝙蝠那样瞎）、crazy as a bat（疯狂得像蝙蝠）、be bats（发疯）、a bit batty（有点反常）、have bats in one's/the belfry（思想古怪），都不是什么好话。在俚语中，bat（蝙蝠）一词又喻指“妓女”和“丑妇”。

西方文化的两大源头——古希腊文化和希伯来文化，对蝙蝠都没什么好印象，这也奠定了西方文化中蝙蝠形象的基调。如在古希腊的《伊索寓言》中，蝙蝠往往是圆滑狡诈的形象。《荷马史诗》将冥界的幽灵与蝙蝠相联系。根据古希腊神话，蝙蝠是冥王哈迪斯（Hades）之妻珀尔塞福涅（Persephone）的标志。在希伯来人《旧约圣经》的《利未记》《申命记》中，蝙蝠被归入“可憎，不可吃”的范围。在《旧约圣经》的《以赛亚书》中，世界末日的景象中出现了蝙蝠，这也使蝙蝠成为末日的象征。

在伊斯兰教经典《圣训》的故事中，蝙蝠是耶稣创造的。

斋月期间，人们在日落之前不得进食。当时，耶稣身处耶路撒冷郊外的沙漠之中，大山遮住了西面的天空。为了知道太阳何时西沉，耶稣用黏土创造了蝙蝠。蝙蝠在每天日落时从洞穴中飞出，通知耶稣该进食了。但基督徒恐怕不会认可这个故事。因为在5世纪以后的基督教叙事中，蝙蝠往往与恶魔、女巫联系在一起。

西方神话中的恶龙与恶魔撒旦，都长着类似于蝙蝠翼手的翅膀，恶龙、撒旦和蝙蝠在形象上是同构的。与此相反的是，天使的形象则是长着鸟翼。与中国文化中蝙蝠成“仙”不同，西方文化中的蝙蝠则成了“魔”。因为蝙蝠昼伏夜出，行动诡秘，有的喜欢栖息在坟墓和废弃的建筑物中，给人以阴森恐怖的印象。基督教将光明与黑暗相对立，生活在黑暗中的蝙蝠自然便被妖魔化了。

蝙蝠还被视作女巫的搭档。在一些故事中，女巫是丑陋、邪恶的老太婆，会施加诅咒和下毒，并在大锅中熬制药汤，汤里有蝙蝠、蜥蜴、蜘蛛和毒蛇等可怕的动物（如莎士比亚的戏剧《麦克白》）。15—18世纪，出于对女巫的恐惧和仇视，欧洲基督教会烧死了上百万所谓的“女巫”。她们大多都是无辜的女性，有的仅仅因为独居便惨遭毒手。由于猫（尤其是黑猫）被视作女巫的帮凶，被人们大量捕杀。有人认为，欧洲黑死病（鼠疫）的反复发作，便与灭猫运动有关。至于蝙蝠，由于与女巫绑定在一起，也被严重妖魔化。

中世纪的欧洲人认为，蝙蝠飞入房屋是凶兆，预示着死亡会降临在这家人的头上。1332 年，法国巴约讷省的杰卡姆夫人（Lady Jacaume）被公开烧死，因为人们在她的花园中看到了成群的蝙蝠。这与中国古代期待蝙蝠能够光临自己的屋宇，认为蝙蝠能带来福气，形成了鲜明的对比。

著名的吸血鬼传说原本在东欧等地流传。相传，15 世纪的罗马尼亚民族英雄弗拉德三世（Vlad al Ⅲ -lea Ţepeş，1431—1476 年）见血发狂。他后来成为著名的吸血鬼——德古拉（Dracula）伯爵的原型。大家现在所熟悉的长着尖牙、身着黑袍，并可化身为蝙蝠的吸血鬼形象，是 18 世纪以来的文艺作品结合美洲吸血蝙蝠的形象而创造的。虽然人们很早便把蝙蝠与恶魔、鬼魂相联系，传说中的吸血鬼也可以变化为鸡、马、狗、猫和蛇等动物，但吸血鬼与吸血蝠绑定在一起，实际上是比较晚近的事，至少是在发现新大陆之后。

【传说中的德古拉伯爵】

1897 年，爱尔兰作家布莱姆·斯托克（Bram Stoker，1847—1912 年）创作了一部名为《德古拉》的小说，由此衍生出了大量的影视作品。影视作品中的德古拉伯爵形象也几经变化，如1930年之前的电影中，德古拉极为丑陋扭曲；此后则转变为梳着整齐头发、穿着深色西服、身披黑色披风的绅士形象，黑色披风显然是从蝙蝠身上获得的灵感。在影视作品中，吸血鬼往往与蝙蝠生活在一起，或者可以变身为蝙蝠。出于对吸血鬼的恐惧，一些人也对蝙蝠心生畏惧。

1923年，英国著名小说家、诗人戴维·赫伯特·劳伦斯（David Herbert Lawrence，1885—1930年）曾写过一首《人与蝙蝠》（Man and Bat）的抒情诗。

“一只让人厌恶的蝙蝠”闯入了诗人的房间，诗人烦躁地要将蝙蝠赶出去，大喊：“出去，你这个畜生！”

劳伦斯还写过一首《蝙蝠》（Bat）的诗，结尾写道：

在中国，蝙蝠是幸福的象征。

但对我不是！

劳伦斯对蝙蝠的厌恶，很能代表西方人对蝙蝠的看法。

不过，蝙蝠的形象在西方并不总是负面的。

在西班牙、法国、瑞士、爱尔兰、英国等国家，蝙蝠常常是盾牌等物件上的纹饰，据说是因为蝙蝠图案能给人带来震慑感。尤其是在西班牙的加泰罗尼亚地区，蝙蝠的形象很常见。13世纪，信仰基督教的阿拉贡王国国王海梅一世（Jaume I，1208—1276年）与信仰伊斯兰教的摩尔人交战。在海梅一世败退到一个山洞时，洞中飞出了成千上万只蝙蝠，吓跑了摩尔人。为了纪念此事，加泰罗尼亚地区的人至今以蝙蝠为吉祥物。西班牙著名足球俱乐部——瓦伦西亚足球俱乐部，队徽便是一只黑蝙蝠。

在古代的马其顿，人们将蝙蝠骨头制成象征幸运的护身符。德国、美国的一些人认为，将蝙蝠的心包裹在手帕里，放入钱包或口袋，或者绑在手上，能够在赌博和买彩票时有好运气。德国还有一种说法是，用蝙蝠心擦拭过的枪能弹无虚发。

除了西方文化，新西兰的原住民毛利人、美洲的一些印第安人部落也会把蝙蝠和死亡、灾难联系在一起。在玛雅人的神话中，嗜血的蝙蝠神坎马卓兹（Camazotz）象征着黑夜、死亡与牺牲。也有的印第安人部落，如阿帕奇、切诺基和克里克等，则像古代中国人一样，由蝙蝠联想到幸运，蝙蝠享有与狼一样的崇高地位；在纳瓦霍人看来，蝙蝠是沟通人、神的使者。在非洲，尼日利亚人同样认为蝙蝠代表女巫。

非洲的科特迪瓦人和太平洋上的汤加人则认为，蝙蝠代表鬼魂。这种观念同样存在于欧洲的芬兰等地区。与其他太平洋岛屿相比，汤加的原住民认为蝙蝠是神圣的，因而岛上的蝙蝠较少遭到捕杀。

随着西方小说、影视作品的不断演绎，在中世纪便相当负面的蝙蝠形象，在当代也逐渐深入人心。一些媒体过度渲染蝙蝠与病毒的关系，也引发了公众对蝙蝠的恐慌。蝙蝠所背负的莫须有的罪名，在今天依然得到一定程度的延续。

3

蝙蝠侠与青翼蝠王

不同文化中的蝙蝠形象不是一成不变的，可能会相互影响与渗透

在蝙蝠不断被“黑”的同时，一个为蝙蝠“洗白”的角色出现了，那便是蝙蝠侠（Batman）。

蝙蝠侠是美国两大漫画巨头之一——DC 漫画公司，在 1939 年创造的角色。蝙蝠侠原名为布鲁斯·韦恩（Bruce Wayne），是漫画史上第一位没有超能力的超级英雄。虽然没有超能力，但蝙蝠侠善于利用高科技装备铲奸除恶，其正面光辉的形象深入人心。创作者之所以借用了蝙蝠的形象，主要是由于蝙蝠有神秘感，且对歹徒有震慑力。随着蝙蝠侠成为家喻户晓的人物，许多人对蝙蝠的认识也有所改观。

出乎很多人意料的是，蝙蝠侠并不是蝙蝠的化身，反而是一位恐蝠症（chiroptophobia）患者的化身。正如有的人害怕蛇，有恐蛇症（ophidiophobia）一样，有的人也有恐蝠症，即蝙蝠恐惧症。

2005 年上映的美国电影《蝙蝠侠：侠影之谜》（*Batman Begins*）讲述了蝙蝠侠的由来：布鲁斯·韦恩在小时候曾意外跌入一口枯井，井中一涌而出的蝙蝠给他留下了心理阴影，以至

于他的父母带他去看歌剧时，被舞台上的蝙蝠角色吓坏，便央求父母带他离开。但他们在剧院门口遇上有人拦路抢劫，布鲁斯·韦恩的父母在混乱中被枪杀，他因此陷入更大的恐惧和自责中。影片所演绎的正是布鲁斯·韦恩如何成为蝙蝠侠，并如何战胜恐惧的故事。

恐蝠症患者害怕看见蝙蝠，甚至害怕晚上出门，害怕遇到蝙蝠。害怕蝙蝠的现象，在西方国家相对常见。在西方文化中，蝙蝠是邪恶的象征。在欧美的传说中，邪恶的蝙蝠喜欢钻进女性的头发，这也成为妇女在教堂里需要遮住头发的一个依据。加上现代科学证明许多病毒来自蝙蝠，更增加了人们对蝙蝠的恐惧。尤其是有的恐狂症（rabies phobia）患者，由于害怕感染狂犬病而害怕蝙蝠。

蝙蝠侠战胜了自己内心对蝙蝠的恐惧，我们又何尝不能转变对蝙蝠的偏见呢?

【蝙蝠侠】

在蝙蝠侠的系列故事中，还有一个反派角色叫人蝠（Man-Bat）。他原先是一位动物学家，由于丧失了听力，便开始从动物中寻找治疗耳聋的药方。受到蝙蝠回声定位的启发，他研发出了含有蝙蝠 DNA 的药物。向体内注射药物之后，他成功地治愈了自己的耳聋。但由于副作用太大，自己最终成了半人半蝙蝠的怪物。这已然是西方文化中的典型蝙蝠形象了。

与蝙蝠侠的出现相反，在中国现当代的一些文艺作品中，蝙蝠一改过去吉祥物的设定，成为投机派的代表，甚至是邪恶、嗜血的符号，这显然是受到西方文化的影响。

鲁迅《谈蝙蝠》一文谈的虽然是蝙蝠，但实际上是在批判既非左派又非右派的“第三种人”，这一层寓意正是由《伊索寓言》的故事引申而来。1949 年之前，蝙蝠常被知识分子用来形容投机分子，尤其是汉奸。

1961 年，金庸（1924—2018 年）创作的武侠小说《倚天屠龙记》中，明教四大护法之一的韦一笑，因轻功卓绝且吸食人血而被称为“青翼蝠王”。韦一笑之所以吸食人血，是因为他在修炼至阴至寒的寒冰绵掌时出了差错，一旦使用内力，寒毒就会发作，需要及时吸食人血解毒。这一角色的设定，显然受到了西方吸血鬼的影响。

再如 1986 年推出的经典动画片《葫芦兄弟》中，蝙蝠精是蛇精、蝎子精的手下，是大反派。2016 年上映的电影《西游记之孙悟空三打白骨精》也出现了蝙蝠妖的角色。各种盗墓小说或影视作品中，往往用蝙蝠来渲染阴森可怖的气氛。但在中国古代，蝙蝠不但不是妖精，反而是神仙。

可见，不同文化中的蝙蝠形象不是一成不变的，可能会发生相互影响与渗透。

蝙蝠与暗黑医疗

[神奇的蝙蝠血]

[蝙蝠也入药]

[暗黑医疗与暗黑巫术]

人类对医疗的探索，经历了漫长而曲折的过程。无论是中国还是外国，历史上都不乏“暗黑医疗”。蝙蝠入药便是一种“暗黑医疗”，不但有很长的历史，而且是一个有趣的世界性现象。

/

神奇的蝙蝠血

最早认为蝙蝠血能治病的，是古埃及的医者

在发现新大陆之前，旧大陆的人们并没有发现吸血蝠的存在。但旧大陆的人很早便将蝙蝠血入药，反而比蝙蝠更加“嗜血”。从目前的材料看，最早认为蝙蝠血能治病的，是古埃及的医者。

著名的埃伯斯纸草书（Ebers Papyrus）发现于1862年，抄写年代为距今3500年左右。这本纸草书俨然是古埃及的医学宝典，保存了古埃及的877个药方、700多种药物，其中便有以蝙蝠血治病的记录：

皮肤病：如果瘙痒仅限于颈部，将碾碎的蝙蝠涂抹在患处，便可治愈。

倒睫（指睫毛向后方生长，以致触及眼球的不正常状况）：扯下多余的睫毛，敷上没药（指没药树的树脂）、蜥蜴血和蝙蝠血，可令痊愈。

在另一件抄写年代为距今约3500年、2016年才被破译的纸草书上，也有治疗倒睫的药方：

牛脂、蝙蝠血、驴血以及蜥蜴的心。

在古埃及人看来，蝙蝠血可以阻止睫毛继续逆向生长。

虽然古埃及文明消亡了，但其医学观念在欧洲、中东仍有承传。古希腊的医学便吸收了许多古埃及医学的精华，进而影响到整个古希腊–伊斯兰医学体系。

【古埃及人以蝙蝠血治疗倒睫】

在意大利自然科学之父乌利塞·阿尔德罗万迪的名著《鸟类学》中，便同样记录了用蝙蝠血治疗倒睫的药方。据阿尔德罗万迪说，这一药方见于古罗马时代医学家阿奇格涅斯（Archigenes，75—129年）和克劳迪斯·盖伦（Claudius Galenus，129—199年）的著述。从古埃及到古希腊、罗马，以蝙蝠血治倒睫的药方得到了承传和延续。

在东罗马帝国时期的古叙利亚文写本《医书》（*Book of Medicines*）中，出现了利用蝙蝠血脱毛的药方：

将蝙蝠血擦拭需要治疗的身体部位。

这可以说是早期的脱毛膏了。《医书》的内容原是希腊文，由景教（基督教聂斯脱里派）徒翻译为古叙利亚文。这部医学资料汇编内容丰富，继承了希波克拉底（Hippocrates，公元前460—公元前370年）、狄奥斯科里迪斯（Dioscorides，40—90年）和盖伦等古典医学大师的成就，也吸收了古埃及、波斯、印度的医学精华。除了利用蝙蝠血脱毛，该书还记载了蝙蝠的其他药用价值。

中古时期，随着景教传入中国，这些药方也来到了遥远的东方。在新疆吐鲁番葡萄沟出土的古叙利亚文写本记载：

（阻止多余毛发生长）药方：用一块亚麻布包裹住五只蝙蝠，加入一把硝酸钠粉，先绑好再研磨碎。当去洗澡时，擦拭需要治疗的身体部位，然后用冷水清洗，可达其效。

这个药方显然与《医书》一脉相承。

古叙利亚文《医书》与古埃及药方的原理其实是相通的，都是利用蝙蝠血阻止毛发生长。类似的药方在中东、欧洲的文献中并不鲜见，如阿拉伯医学的集大成者伊本·贝塔尔（Ibn Al Baytār，1190—1248年）的《药学和营养学术语集》（*Al-Jāmi li-Mufradât al-Adwiyah wa-l-Aghdhiyah*）、意大利学者萨尔瓦多·伦齐（Salvatore De Renzi，1799—1872年）的《萨勒尼塔纳合集》（*Collectio Salernitana*）等重要的医书均有提及。

蝙蝠与毛发紧密联系的观念至今存在。在法国南部和加拿大，流传着这样的说法：蝙蝠的粪便如果掉到人的头上，会造成秃顶。法文的蝙蝠写作chauve-souris，字面意思是秃头老鼠。

古叙利亚文《医书》中除了有脱毛药方，还记载了生发药方：将蝙蝠头放在橄榄油中煎炸，然后涂抹在头上。距今2600

多年的亚述文献中，有几乎完全相同的记载。在印度某些地区，妇女将蝙蝠翅膀碎片泡在椰子油中，用容器装好在地下放置3个月，用它来洗头发据说可以预防脱发和白发。在尼泊尔，也有类似的药方。与蝙蝠头、蝙蝠翅膀的生发效用不同，蝙蝠血则是用来脱毛的。但也有相反的例子，在英国和美国的北卡罗来纳州，有人认为蝙蝠血可以用来预防脱发。

古罗马百科全书式的人物——老普林尼（Gaius Plinius Secundus，23—79年）在其名著《自然史》（*Historia Naturalis*）中记录了蝙蝠的各种药用方法。除了记载蝙蝠血可以脱毛，该书还提到蝙蝠血可以用来解蛇毒，佩戴蝙蝠头制成的护身符可以防止打瞌睡，在枕头下放置蘸有蝙蝠血的羊毛可以激发女人的性欲，等等。在欧洲有的地方，蝙蝠粉末被用来制造“春药”。

吉卜赛人也以蝙蝠血入药，如将泼洒过蝙蝠血的母鸡羽毛佩戴在脖子上，被认为可以治疗颈椎病。吉卜赛人还将蝙蝠血、马毛、盐和面粉混合在一起涂在马蹄上，以避免恶灵恰格林（Chagrin）对马的骚扰。老普林尼的《自然史》则提到，将蝙蝠钉在窗口可保牲畜平安。

在南美洲的安第斯山脉，传统民间医学认为，蝙蝠血可以治疗癫痫。根据2010年的报告，玻利维亚被统计的4座城市中，每个月有超过3000只蝙蝠被售出，包括吸血蝠以及其他种类的蝙蝠。如果蝙蝠是活的，人们会将其头砍掉后直接饮血；如果蝙蝠已经死了，会将其油炸，然后用布袋装好泡在酒精中。由于人们的捕杀，玻利维亚60%以上的已知蝙蝠物种，受到某种程度的威胁。

以蝙蝠血入药的现象在北美也存在。根据美国印第安纳州、得克萨斯州等地的民间药方，用蝙蝠血和油脂混合制成的药膏可以治疗风湿病。

在中国古代的医书中，也有蝙蝠血入药的记录。如唐代的《陈藏器本草》记载：

取其血滴目，令人不睡，夜中见物。

说的是将蝙蝠血当作滴眼液滴入眼中，能使人不犯困，并能在暗夜中看清事物。类似的观念也见于美洲。美国中西部和加勒比海地区流传着一个古老的观念：用蝙蝠血洗眼可以增强夜间视力。罗马帝国时期的埃及纸草书（2 世纪）则记载：

蝙蝠血滴到眼中会致盲。

有些地方的人认为，喝了蝙蝠血可以让自己隐身，如特立尼达和多巴哥。

在明代医书《摄生总要》中，记载了一个验证贞操的药方：将密陀僧、干胭脂、朱砂和蝙蝠血调在一起，抹在女子身上。如果女子是处子，则颜色长期不会淡褪；女子一旦与男子发生性关系，便会褪色。这也是一种“守宫砂”。

《颅囟经》被视作我国现存的最早儿科医学专著，其写作时代或许可以追溯到唐代。书中记载了治疗小儿疳痢的方法：

将蝙蝠血与朱砂、阿魏（指阿魏树的树脂）、蟾酥（指蟾蜍耳后腺及表皮腺体的分泌物）混合的药膏，贴在患儿的肚脐上。

藏族、傣族等少数民族的传统医学中，也有蝙蝠血入药的记录。

2

蝙蝠也入药

蝙蝠及其粪便被赋予了许多特殊的药用价值

出土于长沙马王堆汉墓、西汉初年的帛书《五十二病方》已经有蝙蝠入药的记录：

燔蝙蝠以荆薪，即以食邪者。

说的是点燃牡荆来燔烧蝙蝠，受到邪气侵袭的人吃了可以去除蛊毒。牡荆这种植物被认为可以通灵、辟邪，《五十二病方》中的这个药方也颇具巫术色彩。

在后世的医书中，以蝙蝠入药的记载很常见，蝙蝠及其粪便被赋予了许多特殊的药用价值。

如蝙蝠可以治疟疾。《太平御览》卷九四六引范注《治疟方》：

蝙蝠七枚，合捣五百下。发日鸡鸣服一丸，乩晷一丸。遇发，乃与粥清一升耳。

如蝙蝠可以治耳聋。发现于敦煌石窟的《五藏论》记载：

天鼠煎膏巧疗耳聋。

“天鼠”即蝙蝠。

如蝙蝠可以治痔漏、肛瘘。旧署华佗所作、具体成书年代不详的《中藏经》记载了据说可以治痔漏、肛瘘的香鼠散方，涉及香鼠（即香鼬）皮、龙骨（指兽骨化石）、蝙蝠、黄丹（由用铅、硫黄、硝石等合炼而成）、麝香（雄麝香囊中的干燥分泌物）、乳香（指乳香树的树脂）等药材。

如蝙蝠可以治疗一些小儿疾病。宋代的《太平圣惠方》卷八十八记载：

治小儿生十余月后，母又有妊，令儿精神不爽，身体萎瘁，名为魃病。用伏翼烧为灰，细研。以粥饮调下半钱，日四、五服，效。

所谓魃病，指的是妇女又有身孕，导致前一胎缺乏奶水而营养不良。古人认为，将蝙蝠烧灰服用可以治疗该病。前面已经提到，《颅囟经》记载，蝙蝠血可以治疗小儿瘠痫。

再如蝙蝠可以治咳嗽。《时后方》记载：

蝙蝠除翅、足。烧灰，末，饮服之。

说的是蝙蝠用来治久咳上气。在中国的一些地区，至今有民间偏方认为，吃蝙蝠可以治疗哮喘。伊本·贝塔尔的《药学和营养学术语集》也指出，蝙蝠可以治哮喘。在印度、印度尼西亚、泰国、新几内亚等地，蝙蝠被认为可以用来治疗咳嗽、哮喘、胸痛、发烧等疾病。此类流传颇广的说法，在新型冠状病毒流行的今天看来颇为讽刺。

最为人所熟知的是，蝙蝠可以治眼疾。大致成书于东汉的《神农本草经》中记载：

（伏翼）主目瞑，明目，夜视有精光。

《艺文类聚》卷九七引魏晋时期的《吴普本草》中记载：

伏翼或生人家屋间，立夏后阴干，治目冥，令人夜视有光。

说的是吃风干的蝙蝠可以治眼盲，尤其是能令人看清暗夜的事物。

蝙蝠的粪便被称为“夜明砂”，类似的中药还有野兔的粪便望月砂、家蚕的粪便原蚕沙、麻雀的粪便白丁香、鸽子的粪便左盘龙、鸡的粪便鸡矢白、鼯鼠的粪便五灵脂和马的粪便白马通。它还有“天鼠屎”“石肝”“黑砂星”等名称，秦代的周家台秦墓简牍称其为“扁（蝙）蝠矢（屎）”。以蝙蝠粪便入药，可以追溯到距今4000多年前的美索不达米亚文明。根据《本草纲目》等医书，服用夜明砂可以清肝明目、治疗疟疾以及夜盲症等眼疾。伊本·贝塔尔的《药学和营养学术语集》则认为，蝙蝠的粪便或尿液可以治疗眼角膜白斑以及膀胱结石。埃及科普特人的纸草书（9—10世纪）中记载，蝙蝠尿液和尼罗鲤的胆汁混合在一起，可以用来提高视力。此外，在古叙利亚文《医书》中，蝙蝠粪便被认为可以治疗疥疮。也有文献记载，一些阿拉伯人会搜集蝙蝠粪便，用来治疗肿瘤。蝙蝠粪便入药，在巴基斯坦等地同样存在。

据唐代《新修本草》的注文，“其脑主女子面疱”，说的是将蝙蝠脑抹在脸上，可以去除女性脸上的青春痘，有祛痘的功效。

此外，据说蝙蝠还可以用来治疗心理抑郁。《神农本草经》称服用蝙蝠“令人喜乐、媚好、无忧”，《日华子本草》也称蝙

【《本草纲目》的作者：李时珍】

蝠“久服解愁”。

《本草纲目》虽然强调蝙蝠及其粪便皆可入药，但也指出吃蝙蝠需谨慎，如果不对症有可能会致死。

3 暗黑医疗与暗黑巫术

很多时候以蝙蝠入药其实是巫术的表现

以蝙蝠入药，在世界各地都存在。需要说明的是，在大多数地方，蝙蝠入药都不是主流的、普遍的现象，通常只是历史上或局部流传的偏方。那么，蝙蝠入药的基本原理是什么呢?

很多时候，以蝙蝠入药其实是巫术的表现。

在欧洲的女巫传说中，蝙蝠是女巫的伴侣。据说，她们会用蝙蝠、蛇、蜥蜴、蜘蛛一起熬制浓稠的汤药。马王堆帛书《五十二病方》记载以牡荆燔烧蝙蝠的药方，便不无巫术色彩。

在巫术中，血液和粪便被认为可以祛除邪祟，蝙蝠的血液和粪便入药，便与巫术有着千丝万缕的联系。希腊化时期的埃及纸草书将蝙蝠血与巫术联系在一起，类似的观念在当代欧美地区仍有流传。

据明代方以智（1611—1671年）《物理小识》卷十二，在眼中滴蝙蝠血或猫头鹰的血可以见到天上的鬼神，这实际上是中国道教法术中的视鬼术。南朝医药家、炼丹家陶弘景（456—536年）所撰《本草经集注》载：

伏翼目及胆，术家用为洞视法。

【女巫与蝙蝠】

说的是利用蝙蝠的眼睛和胆汁来施展“洞视法”，即巫术中的透视术。蝙蝠可以在暗夜中看清事物，因而古人希望通过蝙蝠获得视鬼或透视的神力。

在特立尼达和多巴哥有人认为，喝了蝙蝠血能让自己隐身；吉卜赛人认为，携带蝙蝠的左眼能隐身；在美国俄克拉荷马州有人认为，携带扎在黄铜针上的蝙蝠右眼能隐身；在巴西有人则认为，携带蝙蝠的心能隐身。实际上，这些巫术源自对蝙蝠在暗夜中飞行的联想。

在更多的时候，以蝙蝠入药并不能说明是巫术，但体现了巫术的思维。

世界各地有许多药方都认为，蝙蝠可以治疗与毛发相关的疾病。在欧洲、美洲、亚洲的一些地区，都流传着蝙蝠会钻进女人头发的传说，一旦被蝙蝠缠上，需要将头发剪掉才能将其摆脱。其实，蝙蝠对人类的头发并没有兴趣，如果它们不小心撞上人的脑袋，更多的是为了追逐盘旋着的飞虫。蝙蝠与毛发存在密切的联系，类似的传说由来已久，且分布广泛。蝙蝠被认为可用来生发或脱毛，都来自这种联想。

有的印第安部落认为，将蝙蝠的头或肠子放在摇篮中，可以帮助婴儿入睡。这可能源自对蝙蝠白天嗜睡以及冬天冬眠的认识。与此相反的是，古罗马的老普林尼指出，佩戴蝙蝠头制成的护身符可以防止打瞌睡。伊本·贝塔尔的《药学和营养学术语集》认为，如果将蝙蝠的头或心脏放在枕头底下，便难以入睡。《陈藏器本草》则记载，将蝙蝠血滴入眼中，能令人晚上不犯困。这主要是因为蝙蝠在夜间活动，所以人们认为蝙蝠能令人保持清醒。

最常见的是将蝙蝠与视力相联系。在东亚、南亚、中东和美洲等地区，都有通过蝙蝠提高视力的说法。古叙利亚文《医书》便认为蝙蝠可以治眼疾，具体做法是将蝙蝠头烧成灰与蜂蜜一起涂抹在眼皮上。之所以将蝙蝠与视力联系在一起，是因为人们认为蝙蝠可以在夜间活动，因而具有强大的视觉功能。事实上，大多数蝙蝠的视力并不好（狐蝠等种类除外），主要依靠回声定位确定目标。如此看来，通过蝙蝠及其粪便提高视力，无异于缘木求鱼了。

可见，蝙蝠入药的原理大多蕴含着简单类比的巫术思维，即人类学家所说的“模拟巫术”或“顺势巫术”。有趣的是，人们会基于蝙蝠的同一特征产生不同甚至完全相反的联想：有人认为蝙蝠可以治疗脱发，而有人则用来生发；有人认为蝙蝠可以让人保持清醒，而有人则用来催眠；有人认为蝙蝠血滴在眼中，可以提高视力，而有人则认为会致盲。

现代科学研究结果表明，蝙蝠的确具有药用价值。例如，吸血蝠的唾液中含有一种抗凝血蛋白，从中提炼出的成分可用于溶解血栓，效果极佳。鼠耳蝠等蝙蝠拥有与体形不匹配的超长寿命，蕴藏在它们身上的长寿密码或许也可以造福人类。

拾贰

舌尖上的蝙蝠

[神秘的白蝙蝠]

[什么人吃蝙蝠]

[吃蝙蝠惹的祸]

我们不得不面对一个现实：古今中外，都不乏吃蝙蝠的现象。

1

神秘的白蝙蝠

中国并不存在白色的蝙蝠

蝙蝠长寿，更神奇的是，传说中的白蝙蝠可活千年。

随着道教兴起，蝙蝠也被赋予了特殊的含义。道教追求羽化升仙，蝙蝠在古代长期被归入禽类，且古人认为蝙蝠能吸取洞中钟乳的精华。因此，蝙蝠也被奉为灵物。

西晋崔豹的《古今注》记载：

蝙蝠，一名仙鼠，又曰飞鼠。五百岁则色白而脑重，集物则头垂，故谓倒挂鼠。食之得仙。

说的是500岁的蝙蝠是白色的，由于头重脚轻而喜欢倒挂，吃了可以升仙。其实，倒挂是大多数蝙蝠的休息姿势，并不限于传说中的五百岁蝙蝠。

东晋葛洪的《抱朴子·内篇》记载：

千岁蝙蝠，色白如雪，集则倒县（悬），脑重故也。……得而阴干末服之，令人寿四万岁。

则说千岁的蝙蝠是白色的，风干之后研磨成末，吃了可以延年益寿，甚至可以活到4万岁。按照葛洪的说法，千岁的蟾蜍、蝙蝠、灵龟、燕都属于“肉芝”，吃了可以延年益寿。

西晋郭璞的《玄中记》有类似的记载：

百岁伏翼，其色赤，止则倒悬。千岁伏翼，色白，得食之，寿万岁。

说的是，百岁的蝙蝠是红色的，千岁的蝙蝠则是白色的，吃了可以活到上万岁。

葛洪和郭璞都是道教的重要人物，他们的说法成为后人寻仙问药的依据。

类似的说法还有很多。如南朝任昉（460—508年）所撰《述异记》卷下记载：

荆州清溪，秀壁诸山，山洞往往有乳窟，窟中多玉泉交流，中有白蝙蝠，大如鸦。按仙经云：蝙蝠一名仙鼠，千载之后体白如银，栖即倒悬，盖饮乳水而长生也。

所谓“仙经”，指的是道家经典。

《太平御览》卷九四六引《水经》：

交州丹水亭下有石穴，甚深，未常测其远近。穴中蝙蝠大者如乌，多倒悬。得而服之，使人神仙。

再如明人陈琏（1370—1454年）所撰广东地方志《罗浮志》载：

千岁蝙蝠，色白如雪，山中间有之。亦有色红如茜。雌雄不相舍，多巢芭蕉中。皆可服之成仙。

清人屈大均的《广东新语·虫语》也说道：

粤山多岩洞，蝙蝠宫之，以乳石精汁为养。夏间出食荔枝，冬则服气。纯白者大如鸠鹊，头上有冠，或千岁之物。

可见，食用传说中的白蝙蝠可以延年益寿，甚至升仙。古人将白蝙蝠和普通蝙蝠区分开来，如南朝的陶弘景在《本草经集注》中强调“非白色倒悬者，亦不可服之也”，认为如果不是倒挂的、白色的蝙蝠，便不能吃。

在古人的观念中，白色的动物是祥瑞，从白虎、白狼、白鹿、白狐、白猿、白兔、白鸠、白雀、白燕、白乌到白蝙蝠，皆是如此。尤其是乌鸦和蝙蝠，越是不可能白的动物，白色的个体就越是珍奇。“八仙”中的张果老，传说其前身是白蝙蝠。也有传说称张果老原先是老鼠，后来才变成了蝙蝠。

在纳西族的《白蝙蝠取经记》等东巴经文中，也出现了白蝙蝠。《白蝙蝠取经记》讲的是：最古老的时候，纳西族的先民刚从居那若罗神山迁到人间。那时，人们还不知祭祀、占卜以及待客之道，有人生病了也不知道如何驱除病魔。于是，纳西族先民便派花斑吸风鹰和黑颊麻雀，去天上的女佛婆姿萨美那里取经。但在半路上，吸风鹰把麻雀吃了。后来，人类又派白蝙蝠和金胸大雕去取经。白蝙蝠坐着金胸大雕到了天上，凭借智慧从女佛那求来了真经。由此可见，在纳西人的神话中，白蝙蝠代表着智慧。

白蝙蝠的意象在唐诗中比较常见。如李白的《答族侄僧中孚赠玉泉仙人掌茶》中写道：

常闻玉泉山，山洞多乳窟。仙鼠如白鸦，倒悬清溪月。

李白在这首诗的序中说：

余闻荆州玉泉寺近清溪诸山，山洞往往有乳窟，窟中多玉泉交流。其中有白蝙蝠，大如鸦。按《仙经》：蝙蝠一名仙鼠，千岁之后，体白如雪，栖则倒悬，盖饮乳水而长生也。

李白所说的玉泉山位于今湖北省当阳市，他的描述基本沿袭了任昉《述异记》中的文字。

唐诗中涉及“白蝙蝠”的诗句还有不少，如白居易《山中五绝句·洞中蝙蝠》的“千年鼠化白蝙蝠，黑洞深藏避网罗”，李颀（690—751年）《送王道士还山》的“当有岩前白蝙蝠，迎君日暮双来飞”，皮日休（838—883年）《太湖诗·入林屋洞》的“忽然白蝙蝠，来扑松炬明”，李郢（生卒年不详）《题惠山》的“黄昏飞尽白蝙蝠”，于鹄（生卒年不详）《秦越人洞中咏》的“时时白蝙蝠，飞入茅衣中”等。

蝙蝠虽然相对长寿，但自然不可能真的活500年甚至上千年，最长寿的布氏鼠耳蝠也只能活到41岁。李时珍在《本草纲目·禽部·伏翼》中说：

《仙经》以为千百岁，服之令人不死者，乃方士诳言也。

他认为蝙蝠能活到千百岁、吃了它不会死的说法，不过是骗人的谎言。他还指出：

若夫白色者，自有此种尔。

即认为白蝙蝠是真实存在的。

其实，中国境内的160多种蝙蝠中，既有常见的灰色、黑色、棕色种类，也有色彩艳丽的彩蝠，但并不存在白色的蝙蝠。除了某些蝙蝠颜色较浅，如白腹管鼻蝠（拉丁学名：*Murina leucogaster*，英文名：rufous tube-nosed bat）腹部色浅，以及难得一遇的白化蝙蝠，古人几乎不可能遇到真正的“白蝙蝠”。正因为如此，古人才可以夸下海口，称吃了白蝙蝠可以活上万年甚至可以升仙。

但白色的蝙蝠在现实中的确存在，中美洲的洪都拉斯白蝙蝠（拉丁学名：*Ectophylla alba*，英文名：Honduran white bat，又称白外叶蝠）便是白色的，堪称蝙蝠中的颜值担当。洪都拉斯白蝙蝠很小，体长仅为 3.7 ~ 4.7 厘米，重约 5 克。它们栖息在由叶子折叠成的“帐篷”中：它们将叶子的叶脉咬断，让叶片耷拉下来，这样就形成了天然的帐篷。这种蝙蝠人畜无害，主要以无花果为食。但古代的中国人显然无缘得见。

【洪都拉斯白蝙蝠】

2

什么人吃蝙蝠

吃蝙蝠不是普遍现象，而是局部地区的饮食习惯或者是吸引游客的手段

除了养生和药用，有些地方的人也将蝙蝠当成一种食材。

世界范围内吃蝙蝠的人主要分布于非洲（如加纳、几内亚、尼日利亚、刚果、坦桑尼亚等）、东南亚（如泰国、马来西亚、印度尼西亚、缅甸等）、一些太平洋岛屿（如关岛、帕劳、新几内亚、萨摩亚等）以及中国华南部分地区（如广东、海南、广西壮族自治区等地）。这并非偶然，这些地方同样也是狐蝠生活的地区。由于狐蝠个头相对较大，外形如狗，所以更容易成为人们的食材。尤其是在太平洋岛屿，几乎没有蝙蝠之外的原生哺乳动物，所以当地原住民食用狐蝠是不难理解的。欧洲人和美洲人见不到狐蝠，自然也不会将它们列入食谱。小翼手亚目的蝙蝠个头通常很小，缺乏“食用价值”，一般不会有人打它们的主意。

是否吃蝙蝠还与宗教信仰有关。在狐蝠广泛分布的地方，往往存在当地人吃狐蝠的现象，但印度却是个例外。印度也生活着许多狐蝠，但印度人主要信仰印度教，以吃素为主，更别说吃野生动物了，因此大多数印度人并不会吃狐蝠。由于蝙蝠

被认为是不洁的,《旧约圣经》中的《利未记》《申命记》明确说它“可憎,不可吃”。因此,犹太教、基督教、伊斯兰教这三大天启宗教的信徒也不会吃蝙蝠。

在中国境内,广东、海南、广西壮族自治区等地的一些人,便吃当地的棕果蝠。宋人苏轼被贬岭南时曾写下“土人顿顿食薯芋,荐以薰鼠烧蝙蝠”(《闻子由瘦儋耳至难得肉食》)的诗句,说的便是岭南人“烧蝙蝠吃”的饮食习惯。根据一份调查报告,广州常住居民中大概有 5.4% 的人吃过蝙蝠(另一份报告的数据为 8.35%)。这表明,虽然吃蝙蝠的现象并不普遍,但在岭南地区至今仍存在。过去人们可能因为缺乏食物来源而捕食蝙蝠,但现在的人则抱着猎奇、滋补的目的去品尝蝙蝠。据报道,广州曾有菜馆推出红焖金钱蝙蝠、元肉石斛炖蝙蝠等菜品。

有研究人员曾发现,在福建某地有人公开售卖大蹄蝠(拉丁学名:*Hipposideros armiger*,英文名:great himalayan leaf-nosed bat)。这种蝙蝠并非狐蝠,而是属于小翼手亚目的菊头蝠科。它们广泛分布于华南地区,但由于人们的捕食和药用,其数量已大为减少。

非洲不少国家的人都喜欢吃红烧或烤制的蝙蝠。如在加纳南部,每年至少有 12.8 万只黄毛果蝠被贩卖、食用。由于蝙蝠是能飞的哺乳动物,一些非洲人认为食用蝙蝠可以获得蝙蝠的力量,正如一些非洲人认为食用大猩猩可以获得大猩猩的力量。

泰国某些地方的人则将蝙蝠放在木炭上慢慢烘烤,或是将它们切碎放入传统的泰式菜品中,认为这样对男性有保健作用。

在印度尼西亚的某些地方（如北苏拉威西省），红烧蝙蝠是传统的地方小吃。人们相信，食用红烧蝙蝠可以治疗哮喘、糖尿病、尿酸异常等疾病。

帕劳蝙蝠汤是世界闻名的“黑暗料理”，被用来吸引外国游客。出于猎奇的心理，不少外国游客会尝试品尝蝙蝠汤。帕劳人认为蝙蝠能吸取草木之精华，故食用它们便对人体有益，通常的做法是取整只蝙蝠与椰奶、香料一起烹煮。类似的烹饪方式也见于印度尼西亚、关岛等地。

关岛的原住民查莫罗人便捕食蝙蝠，吃蝙蝠被视作成人礼等仪式的重要内容。当地的关岛狐蝠（拉丁学名：*Pteropus tokudae*，英文名：Guam flying fox）已经因人们的捕食而绝迹，但吃蝙蝠之风不绝，所以只得从其他地区进口冷藏蝙蝠。关岛已成为一个重要的蝙蝠肉贸易中心。

需要指出的是，不宜因某个国家境内存在吃蝙蝠的现象，便对某个国家贴上“吃蝙蝠”的标签。在中国，大多数人都是对吃蝙蝠感到不可思议的。在其他国家，吃蝙蝠也不是普遍的现象，而是局部地区的饮食习惯或者是吸引游客的手段。

3

吃蝙蝠惹的祸

随便吃蝙蝠不但不能治病，还可能会导致严重的后果

在新冠肺炎疫情暴发之后，网络上一度疯传所谓的武汉名菜“福寿汤”——整只蝙蝠炖的蝙蝠汤。图片中的蝙蝠面目狰狞，引人不适。这些图片在国内外广泛传播，不少国人因此认为是武汉人吃蝙蝠引发了疫情，不少外国人则认为是中国人吃蝙蝠引发了疫情，吃蝙蝠甚至成为污蔑中国的借口，影响极为恶劣。

武汉的海鲜市场虽然售卖野味，但没有证据表明其售卖蝙蝠。“福寿汤”的名字也是图片发布者临时杜撰的，尽管它符合蝙蝠在中国文化中的寓意。其实这些图片都来自帕劳这个太平洋岛国，图中的蝙蝠是帕劳当地的一种狐蝠。

在印度尼西亚的北苏拉威西省，人们可以在市场买到蝙蝠、老鼠、蟒蛇、猴子等动物。有国外媒体发布了市场的视频，并张冠李戴称这是中国的市场，同样是不折不扣的谣言。

虽然蝙蝠是新型冠状病毒的自然宿主，但在疫情暴发之际，中国的大部分蝙蝠都在冬眠，武汉人也没有吃蝙蝠的习惯。因此，病毒并不直接来自蝙蝠。

但中国的确有人吃蝙蝠，历史上也有人因吃蝙蝠酿成大祸。

南宋的李石（生卒年不详）在《续博物志》中记载，唐代有个叫陈子真的人，吃了一只像乌鸦那么大的白蝙蝠，拉了一晚上肚子后凄惨死去。书中还记载，宋代有个叫刘亮的人，拿白蝙蝠和白蟾蜍一起来炼仙丹，吃了之后也一命呜呼。当然，故事中的人物吃的是否是所谓的白蝙蝠，以及是否因吃蝙蝠而死，都很值得怀疑。

李时珍虽然在《本草纲目》中列举了蝙蝠及其粪便的各种药效，但也强调如果没病的话，不能乱吃蝙蝠。有些古书，还认为蝙蝠“有毒”。

再如关岛的查莫罗人大量捕食关岛狐蝠，引发了一种叫关岛型肌萎缩侧索硬化－帕金森综合征－痴呆复合征的疾病。由于关岛狐蝠吃苏铁种子，苏铁种子中的毒素便通过狐蝠进入查莫罗人体内，导致查莫罗人患神经退化疾病的概率是全球其他地区人群的 100 倍。关岛狐蝠已经灭绝，随着关岛狐蝠的绝迹，患病的查莫罗人也已大为减少。

以“荒野求生”而闻名、被称为“站在食物链顶端的男人”的“贝爷”（Bear Grylls）曾在一次节目中尝试吃蝙蝠。尽管他生吃虫子、蛇等动物时面不改色，但当他进入蝙蝠洞时，却极度小心地遮住口鼻，足足把一只蝙蝠烤了 4 个小时才敢吃一小点肉。“贝爷”正是希望通过节目告诉大家，随便吃蝙蝠不但不能治病，还可能会导致严重的后果。

地球不能没有蝙蝠

[为什么不能消灭蝙蝠]

[那些消逝的蝙蝠]

[是谁造成了蝙蝠的生存危机]

[可怕的真菌]

[澳大利亚森林大火中的蝙蝠]

[假如没有蝙蝠]

蝙蝠虽然其貌不扬，甚至被妖魔化，但它们却是生态链的关键一环，在生态环境中扮演着重要角色。然而，它们的价值并没有得到应有的重视。伴随着环境破坏和人为捕杀，一些蝙蝠面临着严重的生存危机。

为什么我们需要保护蝙蝠呢？

1 为什么不能消灭蝙蝠

蝙蝠是生态链的重要一环

有些人之所以害怕蝙蝠，主要是因为他们认为蝙蝠丑陋、吸血并传播疾病。

其实，许多小翼手亚目的蝙蝠之所以看起来比较怪异，主要是由于其口部和鼻部为适应回声定位而产生的特化。有的种类，如洪都拉斯白蝙蝠，则相当“萌”。至于狐蝠，看起来就像长着翅膀的小狗，与一些人印象中丑陋的蝙蝠并不相同。和猫一样，蝙蝠有很严重的洁癖，会花大量的时间来梳理自己甚至同伴的皮毛。

【可爱的小灰头狐蝠】

世界上除了美洲的3种吸血蝠真的吸血，其他种类的蝙蝠都与吸血无缘。这3种吸血蝠中，普通吸血蝠有可能会攻击人类。但通常情况下，普通吸血蝠生活在离人类较远的地方，所以它们更多地吸食牲畜的血。在美洲若被蝙蝠咬伤，的确有感染狂犬病的风险，但携带狂犬病毒的蝙蝠始终只是少数。而且美洲之外的蝙蝠，则并不携带一般意义上的狂犬病毒。

蝙蝠所携带的病毒的确给人类带来了一定的威胁，但通常情况下，蝙蝠是很低调的动物，昼伏夜出，远离人类，主要以昆虫和果实为食，可以说人畜无害。若不是人类过度打扰蝙蝠以及其他野生动物，这些病毒距离人类也很遥远。

有的人由于恐惧蝙蝠，因此“谈蝠色变”，甚至提出要灭杀蝙蝠。人类试图灭杀某一物种的事件，在人类历史上便不止一次。

在15—18世纪的欧洲，基督教会发起了声势浩大的猎巫运动，上百万无辜的女性被当成所谓的“女巫”被烧死。由于猫被视作女巫的帮凶，也因此被大量地捕杀。然而老鼠却因此失去了天敌，大量繁衍，这便加速了鼠疫在欧洲的传播。但当时的人们错误地认为猫是罪恶的化身、鼠疫的来源，反而变本加厉地杀猫。

20世纪初，为了保护落基山脉凯巴伯森林中的野鹿，美国政府下令灭杀狼群，到1930年累计有6000只狼被枪杀。但失去了天敌的鹿的数量激增到10万只，最终导致植被被大量破坏。1995年，美国只得重新从加拿大引入狼，来控制野鹿的数量。

澳大利亚原本没有兔子，兔子被人为地引入之后，大量繁衍，导致生态环境恶化，其他物种的生存也受到威胁。19世纪末以来，澳大利亚政府为了控制野兔数量，动用了捕杀、引入天敌、建造篱笆、释放病毒、播撒毒药等方式，结果都无功而返。而天敌狐狸的引入，又对其他动物造成了威胁，只能回过头来消灭狐狸；毒药的播撒则对草原生态系统造成了破坏。

再如，旧金山海岸附近的法拉伦群岛也面临着外来物种——老鼠泛滥的困境。目前，岛上有近 6 万只老鼠，即每 8 平方米就有 1 只老鼠。这些老鼠以鸟蛋为食，导致灰叉尾海燕等珍稀海鸟的数量急剧下降。事实上，除了老鼠，人类也是导致海鸟数量锐减的凶手。岛上的鸟蛋曾被大量售卖，一年能卖出上百万枚，海鸟也被大量捕杀。眼下人类的捕杀、售卖行为虽然已经得到遏制，但鼠患已经严重威胁到岛上的生态环境。近年来，为了控制老鼠的数量，加州政府计划在岛上空投 1.5 吨灭鼠药。但这一计划遭到一些环保人士的反对，因为灭鼠药的毒素可以在整条食物链中富集，过去的类似空投毒药计划便导致了白鹰、美洲狮等其他动物的死亡。

生态系统是一个严密、精细的网络，引入野兔、老鼠等外来物种以及简单地灭杀野兔、老鼠，都可能破坏生态系统的平衡。而盲目屠杀猫、狼所酿成的大祸，更是历史的教训。

如果害怕蝙蝠传播新型冠状病毒，那就大可不必。因为蝙蝠身上并未发现真正的新型冠状病毒，蝙蝠携带的冠状病毒是新型冠状病毒的前身，而非它本身。新型冠状病毒已经是一种在人类身上传播的病毒，因此杀灭蝙蝠并不能消灭新型冠状病毒。蝙蝠病毒的确给人类健康带来了一定的隐患，但人类如果不主动招惹蝙蝠或其他野生动物，这些病毒也难以对人类构成威胁。

蝙蝠并不是一种单一的动物，而是包括1400多种的哺乳动物，是哺乳类的第二大家族。它们广泛分布于世界各地，且能飞行，不受地形限制。因此，灭杀蝙蝠并不具备操作的可行性，正如要灭绝全世界的鸟类那样不切实际。

其实，在北美洲、南美洲、大洋洲、非洲等地，此前已经有一些人由于害怕蝙蝠传播疾病而对蝙蝠进行灭杀。以往的经验表明，越是捕杀蝙蝠，它们越会四处逃窜，从而导致病毒扩散，而且受到惊吓的蝙蝠会在唾液、排泄物中释放出更多的病毒，从而带来更多的危险。更为重要的是，蝙蝠是生态链的重要一环，与其他动植物紧密联系在一起，在限制昆虫数量、帮助植物繁衍等方面具有不可替代的作用。粗暴地灭杀蝙蝠，将会对生态平衡和生物多样性造成严重的破坏，甚至引发生态灾难。

如果因为蝙蝠或其他野生动物携带病毒便去消灭它们，显然是不现实的。我们所要做的是，进一步保护野生动物，保护野生动物的栖息地，维护生态的平衡，使人类、家禽家畜与野生动物和谐相处，而非滥捕、滥杀、滥食。同时，我们也需要对野生动物身上的病毒进行更深入的研究，并建立更为完善的监测、防范、预警机制。

2

那些消逝的蝙蝠

有的蝙蝠，已经永远地离开了我们

事实上，历经数千万年演化的蝙蝠，已经在近几个世纪面临着空前的威胁。根据2016年公布的《中国脊椎动物红色名录》，中国的134种翼手目动物中，处于近危（near threatened，NT）的有51种，易危（vulnerable，VU）的有15种，濒危（endangered，EN）的有3种。要知道，国宝大熊猫也只是“易危”的级别。但我国现行的《国家重点保护野生动物名录》中，并没有翼手目的身影。它们对于生态环境的重要意义以及所面临的生存困境，都尚未引起足够的重视。

根据2020年国际自然保护联盟（International Union for Conservation of Nature，IUCN）公布的《2020 IUCN受威胁动物红色名录》，翼手目动物中处于濒危的有67种，极危（critically endangered，CR）的有24种，极危意味着离灭绝只有一步之遥，甚至可能已经灭绝。仅仅从2019年到2020年，濒危的翼手目动物便增加了11种。如果加上近危、易危以及数据不明的种类，全世界接近一半的蝙蝠都面临着生存危机。有的蝙蝠，已经永远地离开了我们。

圣诞岛伏翼（拉丁学名：*Pipistrellus murrayi*，英文名：Christmas Island pipistrelle）便是一种近年宣告灭绝（extinct，简称 EX）的蝙蝠。圣诞岛伏翼是澳大利亚圣诞岛特有的蝙蝠，生活在树皮、枯枝和树洞里。在 20 世纪 80 年代，圣诞岛伏翼尚且十分常见，90 年代以后数量急剧下降，到 2009 年只剩下 1～4 只，最终消失在人们的视线之中。澳大利亚政府曾批准了一项人工繁育计划，但并没有真正付诸实践。圣诞岛伏翼最后一次被发现是在 2009 年 8 月 27 日。2017 年，国际自然保护联盟正式宣告该物种灭绝。

【消逝的圣诞岛伏翼】

还有一些蝙蝠，由于很久没能重新发现，很可能早已灭绝，它们包括而不限于以下几种。

波多黎各花蝠（拉丁学名：*Phyllonycteris major*，英文名：Puerto Rican flower bat），栖息于中美洲的波多黎各，在 16 世纪之前灭绝。

马斯克林狐蝠（拉丁学名：*Pteropus subniger*，英文名：dark flying fox，又称暗黑狐蝠、浅黑狐蝠），栖息于南印度洋的毛里求斯和留尼汪，在 19 世纪 60 年代灭绝。

棕狐蝠（拉丁学名：*Pteropus brunneus*，英文名：dusky flying fox），栖息于澳大利亚麦凯东南岸附近的海岛上，最后一次被记录是在 1874 年。

绒狐蝠（拉丁学名：*Pteropus pilosus*，英文名：large Palau flying fox，又称巴洛岛狐蝠、帕劳果蝠或帕劳狐蝠），栖息于密克罗尼西亚群岛的帕劳，最后一次被记录是在 1874 年。

利齿狐蝠（拉丁学名：*Acerodon lucifer*，英文名：Panay giant fruit bat，又称齿狐蝠、菲律宾潘那岛果蝠、班乃岛利齿狐蝠），栖息于菲律宾潘那岛，最后一次被记录是在 1892 年。

琉球狐蝠（拉丁学名：*Pteropus loochoensis*，英文名：Okinawa flying fox），栖息于日本琉球群岛的本岛，20 世纪之后再无发现。

圣克鲁斯管鼻果蝠（拉丁学名：*Nyctimene sanctacrucis*，英文名：Nendo tube-nosed bat，又称圣岛管鼻果蝠），栖息于所罗门群岛的圣克鲁斯岛，最后一次被记录是在 1907 年。

斯氏伏翼（拉丁学名：*Pipistrellus sturdeei*，英文名：Sturdee's pipistrelle），栖息于日本小笠原群岛的母岛，最后一次被记录是在 1915 年。

瓦岛狐蝠（拉丁学名：*Pteropus tuberculatus*，英文名：Vanikoro flying fox，又称赘狐蝠），栖息于所罗门群岛的瓦尼科罗岛，最后一次被记录是在 1930 年。

对马管鼻蝠（拉丁学名：*Murina tenebrosa*，英文名：Gloomy

tube-nosed bat），栖息于日本对马岛，最后一次被记录是在1962年。

新西兰大短尾蝠（拉丁学名：*Mystacina robusta*，英文名：New Zealand greater short-tailed bat），栖息于新西兰，最后一次被记录是在1967年。

前面提到的关岛狐蝠栖息于太平洋的关岛，最后一次被记录是在1968年。

查氏裸背果蝠（拉丁学名：*Dobsonia chapmani*，英文名：Philippine bare-backed fruit bat）栖息于菲律宾米沙鄢群岛的宿务岛和内格罗斯岛，最后一次被记录是在1970年。

豪勋爵岛长耳蝠（拉丁学名：*Nyctophilus howensis*，英文名：Lord Howe long-eared bat），栖息于澳大利亚新南威尔士州的豪勋爵岛，最后一次被记录是在1972年。

美丽锥齿狐蝠（拉丁学名：*Pteralopex pulchra*，英文名：Montane monkey-faced bat），栖息于所罗门群岛的瓜达尔卡纳尔岛，最后一次被记录是在1991年。

更令人担忧的是，随着时间的推移，这个名单可能会列得更长。

3

是谁造成了蝙蝠的生存危机

蝙蝠的生存危机与人类对自然界直接或间接的干预有密切的关系

一些蝙蝠濒危乃至灭绝，背后的原因需要做具体的分析。大多数时候，蝙蝠的生存危机与人类对自然界直接或间接的干预有密切的关系。

热带地区的狐蝠常因野生果实的减少而闯入果园，故被果农视为害兽。同时，狐蝠也被一些人当作美食，狐蝠的皮毛和牙齿则会被制成饰品。因此，在这些地区捕杀狐蝠的现象极为普遍。

在马来西亚，狐蝠的数量已经大幅度减少。马来西亚不同的州对狐蝠的保护力度不同。如黑喉狐蝠和马来大狐蝠受到沙捞越州政府的保护，根据 1998 年沙捞越州颁布的野生动物保护法令，猎狐蝠者要被判处 1 万林吉特（约合人民币 16578 元）的罚款或 1 年监禁。但在马来半岛的各个州，猎杀狐蝠是合法的。根据 1972 年马来半岛颁布的野生动物保护法令，只要支付 25 令吉就可以获得相关的狩猎执照，每一张执照可猎杀 25 只狐蝠。马来半岛每年被合法猎杀的狐蝠数量估计在 2.2 万只左右，非法捕杀的更是难以估计。目前，马来大狐蝠属于近危物种。

棕果蝠常进入人类的果园中觅食龙眼、荔枝等水果，给果农带来了较大的损失。除了南亚、东南亚，中国的广东、广西壮族自治区、海南、福建等地也生活着一些棕果蝠，当地人往往使用渔网、灯光照射、熏烟、喷洒辣椒水等方式捕捉或驱赶棕果蝠，有些人也会捕捉棕果蝠食用。棕果蝠等蝙蝠与果农之间的确存在一定的矛盾，但简单地将食果蝠视作害兽并进行大规模捕杀，反而会有损水果种植的长期利益。

由于人类的捕杀，有的蝙蝠已经彻底在地球上消失。关岛的关岛狐蝠、帕劳的绒狐蝠等已经灭绝的蝙蝠，便与当地人的猎杀有关。首先，关岛的原住民查莫罗人向来有食用关岛狐蝠的习惯；其次，在关岛成为美军基地之后，热带雨林遭到破坏，狐蝠的栖居地被破坏，种植场主为了避免狐蝠采食水果而猎杀狐蝠；最后，在美军到来之后，狐蝠也不再仅限于原住民的盘中餐，转而成为饭店的特色佳肴。1968 年，世界上最后一只关

【关岛狐蝠想象图】

岛狐蝠在饭店中被食客享用。

自20世纪70年代以来，由于吸血蝠被认为会攻击人类甚至传播狂犬病，南美洲、北美洲的一些人便对蝙蝠进行大规模的捕杀，如泼洒汽油焚烧整个蝙蝠洞，导致大量蝙蝠死亡。除了吸血蝠，其他种类的蝙蝠也因此被殃及。灭杀行为导致一些蝙蝠四处乱飞，反而加速了狂犬病毒等病毒的传播。20世纪90年代，一些墨西哥人出于对传说中的吸血兽“卓柏卡布拉”（Chupacabra）的恐惧，对蝙蝠进行屠杀。因惧怕病毒而灭杀蝙蝠的行动，在大洋洲、非洲也时有发生。

可见，人类捕杀蝙蝠的现象一直存在。有的是因为将蝙蝠视作食材或药材，有的则是由于害怕蝙蝠采食果园的水果或传播疾病。

除了直接捕杀，人类对蝙蝠栖息地的破坏，如森林中的树木被砍伐、洞穴被旅游开发、废旧矿井被封闭、某些蝙蝠所栖息的空心树和废旧建筑被清理，也导致一些蝙蝠的种群减少甚至濒临灭绝。有研究人员调查了河南省的60个有蝙蝠栖息的洞穴，发现有30个受到人类严重的干扰，10个受到轻度干扰。像菊头蝠等蝙蝠，只生活在茂密的森林中，是森林健康的指示剂，植被的破坏导致它们的种群愈加凋零。再如马达加斯加狐蝠（拉丁学名：*Pteropus rufus*，英文名：Madagascan flying fox）只生活在马达加斯加岛的海滨低地，当地海滨树林的消失也使它们成为易危物种。随着栖息地被破坏、生存空间愈趋狭窄，一些蝙蝠原有的觅食区域减少。因此，它们可能会迁徙到人类的果园、社区，给牲畜和人类的健康带来威胁，从而形成恶性循环。

洞穴探险、旅游开发等人类活动，会导致一些正在冬眠的蝙蝠被惊醒，有的会因此过早地耗尽储备脂肪而死去。杀虫剂和木材保护药剂的使用，也会毒杀一些蝙蝠，或者令毒素在雌蝙蝠体内累积，引发幼体的大规模死亡。由人类活动带来的真菌，导致白鼻综合征在北美洲的蝙蝠中流行，蝙蝠数量因此大幅度减少。每年还有成千上万的蝙蝠因风力涡轮机而死亡，其中一半死于与旋转叶片的碰撞，另一半死于气压突然下降导致的肺部血管爆裂。据统计，美国每年约有 60 万只蝙蝠因风力涡轮机丧命。

天敌或其他竞争性动物的引入会对蝙蝠的生存造成威胁。如新西兰大短尾蝠的消失，可能与从新西兰外输入的老鼠有关。野猫、狼蛇、黑鼠、细足捷蚁等外来物种，则可能导致了圣诞岛伏翼的灭绝。而昆虫、果实等食物的减少，也会威胁到蝙蝠的生存。

此外，气候的变化也会给蝙蝠带来威胁。1974 年的寒冷天气令美国印第安纳鼠耳蝠（拉丁学名：*Myotis sodalis*，英文名：Indiana bat）幼体的生长期延长了两周，进而导致迁徙的时间推迟了 3 周，大量印第安纳鼠耳蝠因冬季脂肪储备不足而死亡。

蝙蝠看起来种群兴旺，但其实繁殖速度很慢，基本上一年只生一仔（有时两仔），而且存活率不到一半。因此，各种原因对它们的打击往往是毁灭性的。

4

可怕的真菌

一种叫好寒性真菌锈腐假裸囊子菌的真菌对蝙蝠构成了极大威胁

虽然蝙蝠可以免于许多病毒的侵袭，但一种叫好寒性真菌锈腐假裸囊子菌（拉丁学名：*Pseudogymnoascus destructans*）的真菌对它们构成了极大的威胁。受这种真菌感染的蝙蝠，鼻子周围和耳朵、翅膀等部位会出现白色真菌，故这种病症被称为“白鼻综合征”（white-nose syndrome）。

自 2006 年以来，白鼻综合征在北美地区流行。先是出现在美国纽约州，后来扩散到美国的其他州以及加拿大。受到严重影响的主要是印第安纳鼠耳蝠、小褐鼠耳蝠（拉丁学名：*Myotis leibii*，英文名：eastern small-footed bat）、小棕蝠（拉丁学名：*Myotis lucifugus*，英文名：little brown bat，又称莹鼠耳蝠）、北方长耳蝠（拉丁学名：*Myotis septentrionalis*，

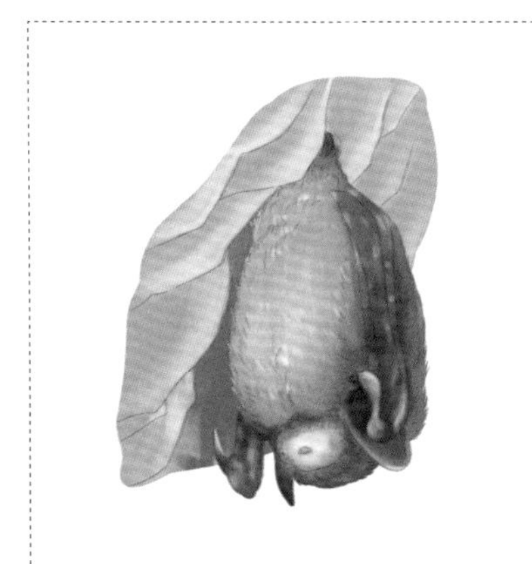

【白鼻综合征的受害者】

英文名：northern long-eared bat）、三色蝠（拉丁学名：*Perimyotis subflavus*，英文名：tri-colored bat）等几种北美蝙蝠。其中，印第安纳鼠耳蝠的数量减少了 88%，目前是近危物种；小褐鼠耳蝠的数量减少了 96%，目前已是濒危物种。此外，小棕蝠是濒危状态，北方长耳鼠耳蝠是近危状态，三色蝠是易危状态。这些曾经常见的蝙蝠面临着空前的威胁，有的蝙蝠洞近乎“团灭”。

白鼻综合征并不会直接导致蝙蝠死亡。这一传染病通常发作于蝙蝠冬眠之时，即每年的 10 月到次年的 4 月。在此期间，蝙蝠的免疫功能受到抑制，真菌得以乘虚而入。正如人的脚感染真菌后会得脚气，感染的蝙蝠由于感到不适，每隔四五天便会苏醒一次，异常躁动。由于频繁苏醒，蝙蝠会提高新陈代谢，体温升高，使冬眠前储存的脂肪很难支撑它们过完整个寒冬。有的蝙蝠苏醒后会飞出冬眠地，绝望地寻找食物，有的还会出现碰撞墙壁、舔雪等异常行为。

感染真菌后的蝙蝠，翼膜会出现破损。由于翼膜能帮助保持体液平衡，所以感染的蝙蝠往往会严重失水。有人认为，它们之所以会频繁苏醒，也是为了寻找水源。

因此，许多感染真菌的蝙蝠会因能量储备耗尽或脱水而在冬季死亡。有的蝙蝠虽然可以熬过寒冬，但到五六月，它们也会因翅膀伤痕累累、失去行动能力而饿死。

截至 2016 年，白鼻综合征已经累计造成了至少 570 万只蝙蝠的死亡。研究人员认为，这是北美洲有史以来最惨重的野生动物衰退事件，如果不加控制，将导致一些蝙蝠彻底灭绝。570万只蝙蝠的减少，也意味着近4000吨本该被吃掉的昆虫在自然界游荡，对农业生产带来了极大的威胁。

为了控制白鼻综合征，美国林务署一度关闭了33个州境内将近2000个岩穴和矿井，通过喷洒聚乙二醇等方式来阻止真菌蔓延。所幸目前情况已经得到缓解，一些蝙蝠也逐渐对真菌有了抵抗力。

类似的真菌在欧洲和亚洲也有出现，但并未导致蝙蝠大规模的感染。有人认为，人类对一些洞穴、矿井的探访造成了真菌在蝙蝠群体中的传播。在蝙蝠病毒“溢出”到人类社会的同时，人类同样可能会对蝙蝠带来严重的威胁。人类与蝙蝠等野生动物的互相伤害，促使我们进一步反思人在自然界的进退以及人与动物的合理距离。

5

澳大利亚森林大火中的蝙蝠

森林的重建离不开蝙蝠

对于澳大利亚的各种蝙蝠而言，自然灾害构成了重要威胁。除了飓风，它们也受到热浪的“烤验”。蝙蝠的皮肤缺乏汗腺，难以散热，所以每年都有大量蝙蝠死于高温。

2019 年 7 月开始在澳大利亚肆虐的森林大火，一直燃烧到了 2020 年初。在大火中，约有 12 亿只野生动物葬身火海，除了大家更关注的考拉、袋鼠等动物，还有大量的蝙蝠。如灰头狐蝠，有数万只死于高温，占整个种群数量的 1/3，正从“易危”滑向“濒危”。

在大火中，大量的新生蝙蝠丧生。由于蝙蝠繁殖速度缓慢，这无异于被抹去了整个世代。有一些小蝙蝠因大火成为“孤儿”，澳大利亚野生动物医院为此专门建立了一个“蝙蝠托儿所”，收容这些可怜的小蝙蝠。一些民间组织也在积极抢

【得到救助的小灰头狐蝠】

救劫后余生的小蝙蝠。

为了躲避大火，数十万只蝙蝠飞向城市，也影响了人类的正常生活。有的蝙蝠为了寻找食物，飞到人类的果园采食，给果农带来了困扰。相对于那些颜值更高的明星动物，很少有人关心这些蝙蝠的处境。相反，一些报道将它们妖魔化，说这些蝙蝠能吃人、吸血，人们唯恐避之不及。其实，澳大利亚的蝙蝠主要是食果蝠，对人类并无威胁。

澳大利亚森林大火的过火面积达 1000 万公顷，不但导致包括蝙蝠在内的野生动物大量死亡，而且由于栖息地被大面积破坏，也令这些动物的“灾后重建”困难重重。

在澳大利亚，森林大火并不罕见。大火过后，便面临着森林的复苏。而在森林再生的过程中，蝙蝠扮演着重要的角色——森林再生的主要播种者。考拉赖以生存的桉树，便需要蝙蝠传花粉。森林的重建离不开蝙蝠，所以蝙蝠种群的破坏无疑也影响了森林的再生。

6

假如没有蝙蝠

地球不能没有蝙蝠

蝙蝠是生态链中的重要一环。

蝙蝠的天敌主要有鹰、雕、隼、食蝠鸢、猫头鹰等猛禽，蛇类、蜥蜴等爬行动物，猴子、浣熊、负鼠、豹猫、黄鼠狼、水貂等哺乳动物，以及一些大型的蜘蛛和蜈蚣。蝙蝠的食物则包括昆虫、果实、花粉等。

假如没有蝙蝠，有些动物可能会挨饿；假如没有蝙蝠，有的昆虫会泛滥成灾；假如没有蝙蝠，有的植物会难以繁衍后代。

蝙蝠与其他动物和植物紧密联系在一起。尤其是在一些小岛上，蝙蝠甚至是仅有的哺乳动物，在当地的生态系统中发挥着关键作用。

【夜行性昆虫】

世界上70%的蝙蝠以昆虫为食，包括蚊子、苍蝇、蛾子、蚋、金龟子、黄瓜甲虫、地老虎、棉铃虫、喜绿蝽等对人体健康和农业生产有害的昆虫。一只

20 克的蝙蝠一晚上可以吃掉相当于自身体重 1/3 甚至 1/2 的昆虫，即 200 ~ 1000 只昆虫。一个小型蝙蝠洞里的蝙蝠，一年之内吃掉的昆虫超过 600 万只，重量超过 1 吨。

蝙蝠是夜行性昆虫（尤其是对农业有害的昆虫）的最主要控制者。在很多地方（如欧洲），蝙蝠几乎是夜行性昆虫的唯一天敌。在欧洲，有些人通过搭建蝙蝠屋来吸引蝙蝠。每英亩的土地只要吸引 5 只蝙蝠前来定居，便不用在农田中喷洒杀虫剂，也可以控制住害虫。

假如没有蝙蝠，就会有大量的农业害虫出没在农田中，农民就需要使用更多的杀虫剂来对付农业害虫，而杀虫剂的滥用将对自然环境带来严重的破坏。由于白鼻综合征的流行，大量蝙蝠死亡，已经影响到农业生产。假如没有蝙蝠，美国农民每年夏天至少要多花 75 万~ 120 万美元在杀虫剂上，才能保住自己的棉花产量。据美国林务署估算，蝙蝠每年能为农业生产带来近 230 亿美元的价值。

此外，蝙蝠也是蚊子的天敌。假如没有蝙蝠，一些通过蚊子传播的疾病也会增多。

除了食虫蝠，其他蝙蝠大多以果实、花蜜等为食，一些植物便严重依赖它们授粉和播种。据统计，世界上有 500 多种热带植物通过蝙蝠授粉，其中 300 多种是水果植物。这些植物往往夜间开花，蜜蜂、蝴蝶等难以参与授粉，因此重任便落在了蝙蝠身上。

如我们熟悉的榴梿，便需要黑喉狐蝠、中央狐蝠、大长舌果蝠、苏拉威西狐蝠（拉丁学名：*Acerodon celebensis*，英文名：

【狐蝠与榴梿花】

Sulawesi fruit bat）等狐蝠授粉。狐蝠主要依靠嗅觉寻找水果，研究人员认为，夜间开花的榴梿之所以拥有浓烈的气味，就是为了吸引这些狐蝠。

需要狐蝠授粉的，还有香蕉、红毛丹、杧果、腰果、桃子、枣、番石榴、牛油果等水果。一些果农为了阻止狐蝠“偷吃”水果而捕杀它们，但其数量的减少在很大程度上导致了榴梿等水果的减产，甚至威胁到非洲“圣树”猴面包树的生存。解决狐蝠与水果种植之间的矛盾，应该采取更科学、更人道的方式，而非一味捕杀。

南美洲的长管花的花冠很长，当地的管唇花蜜蝠会用超长的舌头深入花蕊基部，吸取花蜜。对于长管花来说，管唇花蜜蝠是它唯一的授粉者。再如用来酿制龙舌兰酒的龙舌兰，则需要小长鼻蝠和墨西哥长舌蝠授粉。

狐蝠在吃水果时，往往将果汁和一些果肉咽下，剩下的吐掉。植物的种子或被狐蝠吐掉，或通过粪便排出，从而孕育下一代植物。大多数热带植物的幼苗，由于受到母树毒素的影响，无法在母树的阴影下存活。狐蝠往往将水果带往他处食用，加上狐蝠可以长距离飞行，因此可以将植物的种子带往更远的地方（可远至 12 千米以上）开枝散叶。这样既提高了幼苗的存活率，也扩大了植物的生存空间以及植物种间的交流。

一群非洲的黄毛果蝠，一个晚上能通过粪便传播近 227 千克种子。一些种子需要经过蝙蝠的消化才能萌芽，据研究，蝙蝠粪便中的种子萌发率是 100%，成熟果子中的种子萌发率只有

10%。像无花果这种果实中包含大量细小种子的植物，其种子只有经过蝙蝠或鸟类的消化道才能发芽。热带森林被大火焚毁后，再生所需要的第一批种子，有 90% 以上都是依靠蝙蝠传播的。对于许多海岛来说，蝙蝠几乎是唯一的播种者。翼手目动物可以说是森林重建的总设计师，和灵长类、啮齿类、鸟类一道扮演着“森林播种机”的角色，直接决定了森林中植物的种类。

除了可以播种，蝙蝠的粪便中富含氮、磷、钾，还是极好的肥料。在许多国家，蝙蝠的粪便都被当成肥料来使用。如泰国乔普兰（Khao Chong Phran）洞穴居住着 10 多万只蝙蝠，其粪便每年作为肥料的销售额可达 13.2 万美元。同时，它们的粪便也给其他生物提供了生活环境。值得一提的是，蝙蝠的粪便中由于硝酸钾含量较高，美国南北战争期间，还被用来制造火药。

为了宣传蝙蝠对于生态系统的特殊作用，有识之士于 1982 年成立了国际蝙蝠保护协会（Bat Conservation International），于 1999 年成立了中国蝙蝠研究与保护协会，联合国环境规划署还将 2011 年定为“国际蝙蝠年”。在英国、德国等国家，蝙蝠是受到保护的动物，禁止捕杀。人们还专门在树上建造蝙蝠屋供蝙蝠栖息，这样既可替代遭到砍伐的空心树，又可让蝙蝠与人类保持距离。从 2012 年开始，德国环保人士为了阻止当地能源公司砍伐汉巴赫森林，进行了长达 6 年的“占据”活动。虽然活动以被清场告终，但法院最终以“保护蝙蝠”为由，否决了能源公司砍伐森林、挖掘褐煤的要求。自 2019 年年末以来，美国特斯拉汽车公司计划在德国柏林建造一座大型工厂，但也因厂址附近栖息着一种濒临灭绝的蝙蝠而被推迟施工。

蝙蝠虽然是哺乳动物的第二大家族，但是不少种类已经灭绝或濒临灭绝。由于其不是明星物种，并向来遭到误解，所以它们大多既不受《中华人民共和国野生动物保护法》的保护，也很难被归入“三有动物”（具有重要生态、科学、社会价值的陆生野生动物）之列，蝙蝠保护在我国处于尴尬的境地。不少人不但没有保护蝙蝠的意识，反而极度惧怕、仇视蝙蝠。新冠肺炎疫情的暴发令越来越多的人开始了解蝙蝠，我们也期待这是一个促使世人重新反思人与蝙蝠、人与自然关系的契机。

【蝙蝠屋】

拾肆 敬畏生命，敬畏自然

[除了蝙蝠，它们也是受害者]

[为什么要拒绝滥食野生动物]

[如何看待野生动物入药]

[古人生态观的启示]

[保护自然，也是在保护人类自己]

地球上不能没有蝙蝠，同样也不能没有其他野生动物。滥食野生动物不但对野生动物的生存造成了威胁，也对人类自身的健康造成了威胁。

/

除了蝙蝠，它们也是受害者

除了蝙蝠，还有许多野生动物由于人类的捕猎而面临着生存危机

除了蝙蝠，还有许多野生动物由于人类的捕猎而面临着生存危机。

大家最为熟悉的莫过于大象和犀牛。

为了掠取象牙，每年约有 4.4 万头大象因非法捕猎而惨遭杀害，而中国是世界上最大的象牙进口国。自 2018 年 1 月 1 日起，中国大陆境内市场上的象牙制品全部禁售。

为了掠取犀牛角，每年有上千头非洲犀牛因非法捕猎而惨遭杀害。20 世纪初，中国境内的犀牛便已经因猎杀而彻底灭绝。自 1993 年起，中国禁止犀牛角的一切贸易，禁止犀牛角入药。

尽管象牙和犀牛角贸易被取缔，但在巨大利益的驱使下，每年仍有大量的大象和犀牛死于偷猎者的枪下。

没有买卖，便没有杀害。

除了大象和犀牛，也有一些野生动物同样面临着巨大的威胁。它们受到的关注相对较少，但正迅速走向消亡，譬如穿山甲。

穿山甲是世界上非法交易量最多的野生动物，近年来，偷猎穿山甲的行为越发猖獗。据统计，每 5 分钟就有 1 只穿山甲

被人类捕捉，每年超过 10 万只穿山甲被猎杀和交易。出于一些中国人对穿山甲鳞片和肉的药用、食用需求，其中约有 1/10 走私到中国。触目惊心的数字背后，是血肉模糊的穿山甲和一片片从它们身上剥下的鳞甲。

穿山甲又名鲮鲤，英文称作 pangolin，来自马来语 penggulung，意思是卷轴，因为穿山甲遇到危险会蜷成一团。穿山甲属于鳞甲目动物，鳞甲目只有 1 个科，便是穿山甲科。穿山甲科下有 3 个属，共包括 8 个种。其中 4 种分布在亚洲，均属于穿山甲属，分别是：中华穿山甲是极危物种；马来亚穿山甲是极危物种；菲律宾穿山甲（2005 年才从马来亚穿山甲独立出来），是极危物种；印度穿山甲是濒危物种。另有 4 种分布于非洲，分别是：大穿山甲属于地穿山甲属，是濒危物种；南非穿山甲属于地穿山甲属，是易危物种；黑腹长尾穿山甲属于长尾穿山甲属，是易危物种；白腹长尾穿山甲属于长尾穿山甲属，是濒危物种。

亚洲有 3 种穿山甲已经处于极危状态，距离灭绝只有一步

【中华穿山甲】

之遥。2002 年，中国大陆尚有 5 万~ 10 万只中华穿山甲。2014 年，国际自然保护联盟将中华穿山甲的物种濒危级别由“濒危”提升到“极危”。在过去的 20 年里，中华穿山甲的数量减少了 90%。2019 年 6 月 8 日，中国生物多样性保护与绿色发展基金会宣布中华穿山甲在中国大陆地区已经功能性灭绝。该组织花了 4 年时间在南方 7 省，仅有效观测、记录、查证到中华穿山甲 11 只（台湾地区尚有 1.5 万~ 2 万只）。功能性灭绝意味着一个物种的种群数量已经难以恢复，也几乎不可能在野外继续繁衍。而且，穿山甲的习性很特殊，是至今无法人工饲养的动物。尽管中华穿山甲是否已经功能性灭绝尚存争议，但它们无疑面临着严峻的生存危机。动画片《葫芦兄弟》中正义的穿山甲是许多 80 后的童年回忆，但是如果对其不加强保护的话，中国的穿山甲很可能会成为永远的回忆。

在亚洲的穿山甲丧失殆尽之后，人们又将目光投向非洲，非洲的穿山甲也因此面临着巨大的威胁。2019 年 12 月，中国海关破获了一起穿山甲鳞片走私案件，涉嫌走私 23.21 吨鳞片，这意味着近 5 万只穿山甲惨遭杀戮。据统计，2019 年我国海关查获的穿山甲鳞片总量高达 123 吨。其中，大部分是来自非洲的穿山甲，也有部分马来亚穿山甲。

2019 年 3 月 25 日，中国海关曾缴获了 21 只走私的马来亚穿山甲。走私的穿山甲往往有肺炎症状，出现肺肿胀，伴有肺纤维化。由于恶劣的运输环境和走私者的残忍对待，走私穿山甲的健康情况往往很糟糕。正是在这批穿山甲身上，检测出了可能与新型冠状病毒相关的冠状病毒。

穿山甲与蝙蝠存在许多相似之处：它们都在地球上生存了至少5000万年；绝大多数穿山甲也是夜行动物，昼伏夜出；穿山甲的视力也相对较差；穿山甲的繁殖速度很慢，与蝙蝠一样，一年只生一胎，通常每胎只产一仔；穿山甲也主要生活在洞穴和空心树中；穿山甲也是生态链的重要组成部分，主要以白蚁和蚂蚁为食，一只穿山甲每年最多能够吃掉700万只白蚁和蚂蚁，一只穿山甲可以保护一片面积约350亩的森林不受白蚁侵害，被誉为“森林卫士”。失去了穿山甲，可能会有大片森林被白蚁破坏。穿山甲生性胆小，可以说是与世无争。由于它们身披坚硬的鳞片，防御技能极强，连最凶猛的食肉动物也奈何不了它们。它们唯一的天敌，正是人类。

在中国，穿山甲入药或者进入菜单的现象仍然存在。早在2007年，中国就已停止一切从野外猎捕穿山甲的活动。2016年9月，第17届《国际野生动植物濒危物种贸易公约》缔约方大会，将8种穿山甲从附录Ⅱ提升到附录Ⅰ。这意味着最高保护等级、完全禁止的国际贸易，该提案已于2017年正式生效。中国作为缔约国之一，从2018年10月起全面禁止商业性进口穿山甲及其制品，严格执行禁止野外猎捕中华穿山甲的措施。在最新出版的2020年版《中国药典》（一部）中，穿山甲被正式剔除。根据1989年施行的《国家重点保护野生动物名录》，穿山甲是国家二级保护野生动物。而在2020年6月5日，国家林业和草原局发布关于穿山甲调整保护级别的公告，将穿山甲属所有种由国家二级保护野生动物调整为国家一级保护野生动物。

无论穿山甲是不是新型冠状病毒的中间宿主，穿山甲的生存境遇都要引起我们的高度关注。目前，每年2月的第三个星期六被定为“世界穿山甲日”，穿山甲也在逐渐受到更多的保护。

而在穿山甲之外，仍然有大量的野生动物因为人类直接或间接的干扰而趋于消亡。保护、挽救野生动物，已经刻不容缓。

2

为什么要拒绝滥食野生动物

人们之所以食用野生动物，往往出于猎奇心理、虚荣心理

2020 年 2 月 24 日，十三届全国人大常委会第十六次会议表决通过了关于全面禁止非法野生动物交易、革除滥食野生动物陋习、切实保障人民群众生命健康安全的决定。根据决定，凡是《中华人民共和国野生动物保护法》（以下简称《野生动物保护法》）和其他有关法律明确禁止的，必须严格禁止；全面禁止食用国家保护的“有重要生态、科学、社会价值”以及其他的陆生野生动物，包括人工繁育、人工饲养的陆生野生动物；全面禁止以食用为目的猎捕、交易、运输在野外环境自然生长繁殖的陆生野生动物。决定自公布之日起施行。

由于现行的《野生动物保护法》只规定不得食用国家重点保护野生动物和没有合法来源、未经检疫合格的其他保护类野生动物，所以大量不在禁食范围内的野生动物仍不断在交易、运输、贩卖和食用。从 SARS 疫情到最近的新冠肺炎疫情，人们已经愈加认识到革除滥食野生动物陋习的重要性。而《野生动物保护法》的修订仍需要时间，因此全国人大常委会专门在相关法律修改之前推出这么一个同样具有法律效用的决定。在

决定通过之后，各地的野生动物保护管理条例也纷纷出台，如《北京市野生动物保护管理条例》在2020年4月24日通过。

那么，我们为什么要拒绝滥食野生动物呢?

对于大多数人而言，野生动物其实都比较遥远，将野生动物摆上餐桌的，毕竟是少部分人。这些人之所以食用野生动物（即所谓的“野味”或“丛林肉”），往往出于猎奇心理、虚荣心理。他们相信，以形补形、吃啥补啥、食补胜于药补，而且认为，越是珍稀的动物，越是野生、天然的动物，越是对人体有益，越是值得炫耀。但现代人大多已经不需要靠吃野生动物来满足营养需求，相反，野生动物通常也没有特别的药用价值和滋补效果，它们所携带的病毒、细菌、真菌和寄生虫反而会给人类带来极大的风险。

如果将人类的起源追溯到400万年前，那么人类至今99%以上的历史都是以狩猎与采集为主，可以说从一开始便与野生动物打交道。先是茹毛饮血，后来人类发现了用火之道。随着人类从非洲扩张到各大洲，不少野生动物因人类的到来而绝迹。

大约在1万年前，人类走出漫长的旧石器时代，进入新石器时代。进入新石器时代的重要标志是“农业革命”，人类开始定居，驯化小麦、大麦、水稻、小米、玉米等农作物以及猪、牛、羊、鸡等家畜家禽，开始向“文明”迈进。这是一个重要的转折点，意味着人类可以不再依赖于狩猎，而是通过驯化、培育的动植物来满足自身的生存需求。

现代养殖业已经有成熟的养殖流程和完善的检疫体系，能够严格控制家畜家禽的质量，进而保证肉食的健康安全。通过千百年的选育，家畜家禽的口感与营养成分，实际上都要高于野生动物。家畜家禽能够满足人类的基本蛋白质摄取需求，野生动物也并没有所谓的滋补奇效。近 1 个世纪以来，世界各国的人愈加认识到保护野生动物的必要性，狩猎逐渐淡出了普通人的生活。但在非洲中部的一些地区，“丛林肉”仍占到当地居民蛋白质摄取量的 80%。

已经有大量野生动物因人类的口腹之欲濒临灭绝，严重破坏了生物多样性和生态平衡。而且，由于野生动物往往携带了大量的病毒、细菌、真菌和寄生虫，捕捉、烹饪、食用野生动物都有极大的风险。滥食野生动物不但没有必要，而且需要坚决摒弃。

除了蝙蝠，其他野生动物同样有可能携带着病毒、细菌、真菌和寄生虫。如经常被捕食的果子狸，除了冠状病毒，还可能携带狂犬病毒、旋毛虫、弓形虫、斯氏狸殖吸虫等。穿山甲也会感染冠状病毒，它们身上还可能携带着弓形虫、肺吸虫、绦虫、

【蛇身上携带着大量寄生虫】

旋毛虫、蜱虫等。野生蛇更是寄生虫的大户，它们身上可能会携带裂头蚴、绦虫、舌形虫、隐孢子虫、颚口线虫、广州管圆线虫、蜱虫等。此外，野兔、野生土拨鼠、野鸟、野猪、水貂、刺猬、浣熊、猴子等人类经常接触的动物，都可能会携带病毒、细菌、真菌和寄生虫。有些人因吃蛇而感染寄生虫，因吃野兔、野生土拨鼠而感染鼠疫，此类案例不胜枚举。

由于许多野生动物难以人工养殖，人工养殖往往需要耗费更大的成本，因而不少遭到偷猎的野生动物仍会以人工养殖为幌子流入市场。来自全国乃至全球的“野味”被汇聚在一起，多物种交叉，且卫生条件极差。被售卖的野生动物通常健康状态不佳，在紧张的环境下，它们会产生应激反应，从而释放更多的病原体。“野味”的交易为病原体的交流、变异和重组提供了温床。这些病原体可能会因人类的捕杀、加工、食用，从自然界进入人类社会，并最终引发人畜共患病。此外，由于捕猎者可能使用一些毒药毒杀野生动物，如果人类食用被毒杀的野生动物，也会摄取毒素，对身体有害无益。

总之，接触和食用野生动物，给人类健康带来了极大的隐患。

有人说，其他国家的人一直吃野生动物，不也没事？其实放眼世界，因吃野生动物而引发的疾病并不少见。埃博拉病毒等烈性病毒在非洲出现频繁，便与当地人喜食“丛林肉”、接触野生动物的习惯密切相关。在 2013 年以来西非三国的重大埃博拉疫情暴发之后，几内亚等国的政府便下令禁食蝙蝠等野生动物。

有人说，有些国家的人吃蝙蝠更普遍，怎么就没有感染新型冠状病毒？世界上有 1400 多种蝙蝠，不同蝙蝠所携带的病毒也不同。尼帕病毒在东南亚、南亚出现，埃博拉病毒在非洲出现，MERS 病毒在中东出现，都与当地蝙蝠携带的病毒的种类有关。这些病毒可能通过蝙蝠直接传给人类，也可能通过其他野生动物传给人类。并非每只蝙蝠都携带病毒，而且并非每只蝙蝠身上的病毒都对人类有威胁。但在某种契机之下，蝙蝠病毒可能会变异并进入人类社会。接触野生动物有风险，但并不意味着接触野生动物就一定会得病。其间存在着偶然性，但偶然中也蕴含着必然。只要人类继续捕食野生动物，类似的病毒就始终对人类构成威胁。

有人说，古人也一直吃野生动物，不也没事？在古代，由于卫生条件和医疗水平较差，传染病发生的频率其实远高于现在，关于瘟疫的记载可谓史不绝书。古书中的瘟疫记录随着时间的推移而逐渐增多，越到晚近，记录越频繁。如在清代，每两三年便发生一次重大疫情。这主要是文献记录越来越完善的结果，并不意味着唐代的瘟疫就一定比清代少。古书对瘟疫的记载也相对简单，通常只称“疫”或“大疫”，我们也难以具体了解这些瘟疫由什么病原体所引发。研究表明，在欧洲一再肆虐的鼠疫，在中国古代某些时期（如元朝、明朝）也曾暴发过，甚至在很大程度上加速了明朝的崩溃。此外，“幸存者偏差”也会给人以野生动物没有病原体或吃野生动物不会感染病原体的假象。随着现代科学的进步，我们得以一一追溯传染病的来源。据研究，人类新发传染病中有 3/4 与野生动物有关。

无论是 2002 年的 SARS 疫情，还是 2019 年内蒙古出现的鼠疫病例，都是滥食野生动物的恶果。我们曾经为此付出过沉重的代价，最近的新冠肺炎疫情再度敲响了警钟。

2020 年 2 月 29 日公布的《中国－世界卫生组织新冠肺炎（COVID-19）联合考察报告》指出：

新型冠状病毒是一种动物源性病毒。目前的全基因组基因序列系统进化分析结果显示，蝙蝠似乎是该病毒的宿主，但中间宿主尚未查明。

由于所谓的病毒人工合成阴谋论一度甚嚣尘上，有些人不相信病毒来自自然界，从而也不认为禁止滥食野生动物存在必要性。研究人员多年的持续探索表明，几乎所有的人类甚至是所有哺乳动物的冠状病毒最初都来自蝙蝠，尤其是类 SARS 冠状病毒，与蝙蝠关系密切。而某些野生动物则扮演了中间宿主的角色，帮助病毒完成了变异。革除滥食野生动物的陋习已经刻不容缓，这也是全国人大常委会紧急发布相关决定的重要原因。

我们在走近野生动物、了解野生动物的同时，也需要与野生动物保持距离，并尊重所有野生动物生存的权利。互不打扰，才是对对方最大的尊重。

拒绝野味

3

如何看待野生动物入药

“药王”孙思邈便不主张以动物入药

我们知道，在中药中，有部分药材的来源便是野生动物。例如，在西汉的马王堆汉墓帛书《五十二病方》中，出现了42种动物药；大致成书于东汉的《神农本草经》记载了365种药，其中有67种动物药；在著名的《本草纲目》中，《虫部》《鳞部》《介部》《禽部》《兽部》等部分涉及动物药400多种。果子狸、穿山甲、蝙蝠等被视作病毒来源的野生动物，都被赋予了诸多特殊的药效。

根据《本草纲目·兽部·灵猫》记载，灵猫（果子狸一类的动物）是雌雄同体的动物，正如能提供麝香的麝，灵猫的外生殖器间也有发达的外分泌腺（香腺囊），所提炼的香料据说可以静心安神。当然，所谓灵猫雌雄同体只是根据《山海经》的附会之说，并不足信。《本草纲目·兽部·狸》中所说的“狸”则泛指狸猫、果子狸等动物。根据《本草纲目》记载，狸的肉、骨、内脏、粪便等皆可入药，可以治疗痔瘘、鼠瘘等疾病。其实，无论是果子狸还是狸猫，作为野生动物，它们的肉并无特殊之处，不但不能治疗疾病，反而有可能传播疾病。之所以将狸肉视作治鼠瘘的灵药，主要是古人认为鼠瘘由老鼠的毒液引发，而狸能灭鼠，其基本原理是古人相生相克的观念。而现代医学证明，所谓的鼠瘘（即淋巴结核）是由病菌导致的，与老鼠并无关联。

根据《本草纲目·鳞部·鲮鲤》的记载，穿山甲可以治疗中风偏瘫、下痢里急、热疟、肠痔、乳汁不通、便毒便痈、肿毒初起、瘰疬溃烂、耳鸣耳聋、火眼赤痛、蚁瘘、蚁入耳内等疑难杂症。穿山甲之所以被认为可以通经脉、通乳、通窍杀虫，主要来自一种清奇的联想：穿山甲能钻洞。李时珍便说：

盖此物穴山而居，寓水而食。出阴入阳，能窜经络，达于病所故也。

其实，穿山甲鳞片的主要成分是角蛋白，与人的指甲并无根本区别。此外，《本草纲目》还认为，穿山甲可以治疗蚁瘘、蚁入耳内等与蚂蚁有关的毛病，主要是因为穿山甲吃蚂蚁的缘故。

与穿山甲类似的还有蝼蛄。由于蝼蛄也能钻洞，所以《本草纲目》认为，吃蝼蛄能够治疗大小便不通、难产、耳塞耳聋等。

前面已经提到，因蝙蝠在暗夜中飞行，人们误以为蝙蝠有发达的视觉功能，因而认为蝙蝠及其粪便（夜明砂）可以提高视力。但实际上，大多数蝙蝠的视力并不好。《本草纲目》中记载：

凡采得，以水淘去灰土恶气，取细砂晒干焙用。其砂乃蚊蚋眼也。

说的是蝙蝠吃昆虫，但不能消化昆虫的眼睛，故其粪便中含有大量昆虫的眼睛，依照“以形补形”的原理，吃了可以明目。但显微镜的观察结果显示，蝙蝠粪便中未消化的昆虫眼睛几乎不存在，并不能以此说明夜明砂的药用原理。而且，蝙蝠的粪便中含有大量的病毒和细菌，无论是采集者还是服用者都面临极大的风险。

与蝙蝠类似的还有萤火虫，由于萤火虫在夜晚发光。因此，《本草纲目》认为，吃萤火虫能明目，能治青光眼。

狸、穿山甲和蝙蝠入药的基本原理：狸吃鼠，所以吃了它可以治鼠瘘；穿山甲吃蚂蚁，所以吃了它可以治疗与蚂蚁有关的毛病；穿山甲可以钻洞，所以吃了它可以通乳、通经脉、通窍；蝙蝠在夜间飞行，所以吃了它及其粪便可以增强视力。在古代的数术书和医药书中，都不乏此类简单类比的巫术思维，即文化人类学所说的“模拟巫术”或“顺势巫术”。

正如英国人类学家詹姆斯·乔治·弗雷泽（James George Frazer，1854—1941年）在其名著《金枝》（*The Golden Bough*）中所说：

野蛮人大都认为吃一个动物或一个人的肉，不仅可以获得它们的体质特性，还可以获得其道德和智力的特性。所以如果认为某生物是有灵性的，简单的野蛮人自然希望吸收其体质特性的同时，也吸收其一部分灵性。

美洲、大洋洲、非洲等地的一些原住民便认为，吃了某种动物就可以获得它们的力量。非洲有些人之所以吃蝙蝠，便是认为吃蝙蝠可以获得它们的力量。玻利维亚有些人之所以认为喝蝙蝠血可以治病，也是认为蝙蝠这种会飞的哺乳动物能带来神秘的力量。但这种朴素的联想显然经不起现代科学的验证。由于中国传统医药最初与巫术关系密切，一些野生动物也基于类似的巫术思维进入中药。

在《本草纲目》中，也有关于犀牛角和虎骨药用价值的记载。自1993年起，犀牛角和虎骨交易被禁止，因此中药中的犀牛角通常被水牛角所替代，虎骨被豹骨所替代。其实，犀牛角的主要成分是角蛋白，与水牛角或人的指甲并无二致。老虎的骨头与其他动物的骨头也没有根本的差别。熊胆汁被认为可以清热解毒、平肝明目、杀虫止血，虽然早已有草药或人工合成的替代品，但每年仍然有大量黑熊因为熊胆和熊掌而被残忍杀害。正是因为有些人打着传统中医养生的幌子滥食野生动物，才令中国犀牛、华南虎、中华穿山甲和亚洲黑熊等物种都遭受了灭顶之灾。

【因偷猎而死的犀牛】

中国古代有着丰富的医药文化，但文献中关于药方的记载却鱼龙混杂，后世医书往往不加验证、不经选择就加以收录。在某些历史时期，由于蛋白质稀缺，捕食野生动物可能是某些人补充营养、提高体质的重要途径。但在现代社会，我们已经没有必要去靠野生动物摄取蛋白质，动物药所对应的症状目前也基本有更成熟、更科学的诊疗方案。古书中有关野生动物药用价值的记载，很容易成为有些人捕杀、滥食野生动物的借口，需要我们加以甄别。有的说法，甚至并无古书的依据，是现代人新造的食补药方。“药王”孙思邈（541—682 年）便不主张以动物入药，他反对“贱畜贵人”，认为“杀生求生，去生更远”。在 2020 年版《中国药典》（一部）中，穿山甲以及包含蝙蝠粪便的黄连羊肝丸未被继续收载。这正反映了理性看待动物药的态度。

无论是遥远的美索不达米亚、古埃及医学，还是所谓“西医”的前身——古希腊 - 伊斯兰医学，抑或东亚、南亚、东南亚、美洲、非洲等地的传统医学，都以植物、动物（甚至动物的排泄物）、矿物入药，且都不乏巫术色彩。譬如以蝙蝠入药及其背后的原理，在世界各地都惊人的相似。从世界医药文化的视角看，中国传统医药的许多内容都不像有些人想象的那样独一无二。

由于受到时代的限制，中国传统医药文化中有一些内容在今天看来已经不合时宜，这一点我们不应该回避。无论“中医”还是“西医”，都应与时俱进，适应现代社会的发展。一味遵古或者盲目相信，对于中医药的发展来说有害无益。只有科学、辩证地认识中医药，去其糟粕，取其精华，才能真正传承、发扬中医药，才能真正保护野生动物、保护自然。

4

古人生态观的启示

我们的祖先很早便意识到敬畏自然和可持续发展的重要性

我们的祖先很早便意识到敬畏自然和可持续发展的重要性。如《论语·述而》载：

子钓而不纲，弋不射宿。

说的是孔子只钓鱼，而不用大网捞鱼；射鸟的话，也不射在巢穴中休憩的鸟。孔子的仁爱之心不独在于人，亦在于野生动物。

古书中有不少记载都在强调：在利用自然资源的同时，要顺应天时，即尊重自然规律，禁止滥砍滥伐、滥捕滥杀，保护好幼苗、幼兽、幼鸟，唯有如此，才能保证生态的平衡与持续发展。如《国语·鲁语上》载：

且夫山不槎蘖，泽不伐夭，鱼禁鲲鲕，兽长麑麖，鸟翼鷇卵，虫舍蚳蝝，蕃庶物也，古之训也。

“蘖（niè）”指树木的新芽，“夭”指初生的草木，“鲲鲕（kūn ér）”指小鱼，“麑麖（ní mí）”指小鹿，“鷇（kòu）”指雏鸟，“蚳（chí）”指蚂蚁的卵，“蝝（yán）”指蝗虫的幼虫。古人强调保护生物幼体进而保证自然万物繁衍生息的重要性。

类似的论述还有不少，如《逸周书·文传解》载：

山林非时不升斤斧，以成草木之长；川泽非时不入网罟（gǔ，渔网），以成鱼鳖之长；不麛（mí，小鹿）不卵，以成鸟兽之长。

《孟子·梁惠王上》载：

不违农时，谷不可胜食也；数罟不入洿池，鱼鳖不可胜食也；斧斤以时入山林，材木不可胜用也。

《管子·八观》载：

山林虽广，草木虽美，禁发必有时；国虽充盈，金玉虽多，宫室必有度；江海虽广，池泽虽博，鱼鳖虽多，罔（网）罟必有正。

《荀子·王制》载：

草木荣华滋硕之时，则斧斤不入山林，不夭其生，不绝其长也。鼋、鼍、鱼、鳖、鳅、鳣（鳝）孕别之时，罔罟、毒药不入泽，不夭其生，不绝其长也。

《礼记·月令》载：

（孟春之月）禁止伐木，毋覆巢，毋杀孩虫、胎、夭、飞鸟，毋麛毋卵……（季春之月）田猎罝罘（jū fú，指捕兽网）、罗网、毕（指长柄小网）翳（yì，指猎人捕猎时的遮蔽物）、餧（wèi，喂）兽之药，毋出九门。

《吕氏春秋·上农》载：

然后制四时之禁：山不敢伐材下木，泽人不敢灰僇（又作“灰戮”，指对烧灰违时有妨农事的人处以刑戮），缳网罝罦

（fú，指捕鸟网）不敢出于门，罛（gū，指大的渔网）罟不敢入于渊，泽非舟虞，不敢缘名，为害其时也。

《吕氏春秋·义赏》载：

竭泽而渔，岂不获得？而明年无鱼。焚薮而田，岂不获得？而明年无兽。

《淮南子·主术训》载：

故先王之法，畋不掩群，不取麛夭，不涸泽而渔，不焚林而猎。豺未祭兽，罝罦不得布于野；獭未祭鱼，网罟不得入于水；鹰隼未挚，罗网不得张于溪谷；草木未落，斤斧不得入山林；昆虫未蛰，不得以火烧田。孕育不得杀，麛卵不得探，鱼不长尺不得取，彘不期年不得食。

《淮南子·人间训》载：

焚林而猎，愈多得兽，后必无兽。

这些论述确立了古人对待野生动植物和生态环境的基本观念。古代有虞衡之官，负责掌管山林川泽。在睡虎地秦简、居延汉简和悬泉汉简等简牍中，我们还能看到秦汉时期的相关法令。统治者禁止人们在动植物的生长期进行捕猎砍伐，类似于今天的“休猎期”“休渔期”，并设置类似于“资源保护区”的保护区域。

受时代的限制，古人将狩猎作为农业经济的重要补充，而且很多时候统治者为了娱乐而大肆猎杀野生动物，但他们对天人关系（即自然与人关系）、处理社会经济发展与生态环境保护关系的认识，对于今天的生态文明建设仍有启发意义。古人很早便

已经意识到：人类的发展，离不开人与自然关系的和谐共处。

在现代社会，人类似乎无所不能，以“万物之灵长”的心态凌驾于这颗星球的其他生灵之上。“人定胜天”的信念在一定程度上刺激了人类对自然无节制的索取，也淡漠了我们对自然的敬畏之心。在新冠肺炎疫情暴发之后，人类的许多活动被按下了暂停键。有报道指出，意大利威尼斯的河水因此而清澈，法国滑雪胜地库舍韦尔迎来了久违的狼群。青山绿水、物我和谐的场景，不正是有些人所期待的吗?

疫情暴露出了人与自然的深深裂痕，同时也给我们提供了重新审视人与自然关系的契机。如何在现代社会中重塑人与自然的平衡，有待人类继续探寻。

5

保护自然，也是在保护人类自己

在地球上，没有一个物种是一座孤岛

截至2020年2月，国际自然保护联盟在全球追踪的生物超过10.5万种，其中，约有2.8万种都面临着生存危机，以哺乳动物为例，所追踪的约5899种，易危的有545种，濒危的有532种，极危的有222种；再如鸟类，所追踪的约11147种，易危的800种，濒危的有461种，极危的有225种。有的物种，刚被人类发现，便很快灭绝。有的物种，从来没有被人类认识，便已经悄无声息地消失在历史的尘埃之中。

物种有兴衰枯荣，本是自然界的规律。人类在这颗星球兴起之前，物种的灭绝速度很缓慢，如哺乳动物平均8000年灭绝1种、鸟类平均300年灭绝1种。但现在动物的灭绝速度已经比2000年前快了1000倍，人类活动无疑极大地干扰了自然选择。在北京南海子公园的麋鹿苑内，有一座“世界灭绝动物墓地”，排列着300年来已灭绝动物的墓碑。墓碑上刻着每一种已灭绝动物的名字和灭绝年代，诉说着一个个物种逝去的哀歌。

人类对其他物种的威胁，往往与一种或多种因素有关：人类活动直接或间接地破坏了该物种的栖息地，如森林被砍伐、

世界灭绝动物墓地
GRAVEYARD OF EXTINCTION
普氏原羚
白鳍豚
海南长臂猿
海南豹
华南虎
直隶猕猴

【世界灭绝动物墓地】

草原被翻垦、湿地被排干、珊瑚遭毁坏，垃圾、污染物未经处理便排入大自然，人类活动所引起的气候变化改变生态环境；出于食用目的或追求经济利益，人类对野生动物进行无节制的捕杀；人类有意或无意地引入外来物种，也会破坏生态平衡。

在地球上，没有一个物种是一座孤岛。不同的生物紧密联系在一起，形成严密的生态网络。生态环境是一个环环相扣、牵一发而动全身的系统，生态环境的破坏不但会影响其他动植物的生存，也会最终影响人类自身的生活环境。只要人类还生存在地球上，就不可能置身事外。

伴随着近半个世纪来野生动物商用需求的增加、捕猎手段的多样化，越来越多的野生动物遭到捕猎者的威胁。而原始森林被破坏、栖息地减少，不但是蝙蝠也是大多数野生动物减少、消失的重要原因。保护野生动物，除了禁止滥捕滥杀，更为重要的是保护它们赖以繁衍生息的家园。很多时候，来自自然界的病原体之所以会“溢出”到人类社会，与野生动物失去栖息地、人与自然关系的平衡被打破有关。

对于普通人而言，大多数野生动物其实距离自己都很遥远。买卖、杀戮、食用野生动物的，毕竟是少数人的行径。普通人所能做的，更多的是微小的细节，如遵守垃圾分类、拒绝购买野生动物制品（包括食物、药物、衣物、工艺品）等。对于有可能接触到的野生动物，如蝙蝠，应该以更加理性的心态来面对。我们不必过度恐慌，同时也有必要与它们保持距离。

在新冠肺炎疫情暴发之后，因在自家屋里发现蝙蝠而向消

在地球上
没有一个物种是一座孤岛

防员求助灭杀的消息也时有报道。这反映了人们对蝙蝠的误解，如果从另一个角度来看，蝙蝠的现身恰恰反映了环境的改善。在很多时候，野生动物的境遇是人类境遇的一面镜子。一些对生活环境敏感的动物，如蝙蝠，扮演了环境指示剂的角色。当野生动物的生存受到威胁，这面镜子也会照映出人类自身的困境。如若鸟语花香不再，莺啼燕啭远去，就意味着我们周遭的环境离“和谐”与“宜居”益加遥远。

敬畏自然，保护自然，也是在保护人类自己。

参考文献

[中文文献]

[1] 陈民镇. 恶魔与洪福——中外文化中的蝙蝠 [N]. 中华读书报，2020-02-05（5）.

[2] 动物志. 蝙蝠为什么喜欢倒挂着睡觉，脑袋不会充血吗？ [EB/OL]. [2020-1-29]. https://zhuanlan.zhihu.com/p/104333283?htm_medium=social.

[3] 冯江，李振新，张喜臣. 我国蝙蝠保护研究现状及对策 [J]. 东北师大学报（自然科学版），2001（2）：65-101.

[4] 宫婷，张英海. 蝙蝠在冠状病毒传播中的作用 [J]. 中国动物传染病学报，2017（4）：68-73.

[5] 韩宝银，谷晓明，梁冰，等. 南蝠对鸟的捕食及其对昆虫的选择 [J]. 动物学研究，2007（3）：243-248.

[6] 何彪. 蝙蝠病毒组学及其新病毒的发现与鉴定 [D]. 北京：中国人民解放军军事医学科学院，2014.

[7] 蒋丽香，邢超，罗静，等. 野生动物在埃博拉病毒维持和传播中的作用 [J]. 科学通报，2015（20）：1889-1895.

[8] 李文东，梁国栋，梁冰，等. 蝙蝠携带病毒的研究进展 [J]. 中国病毒学，2004（4）：418-425.

[9] 梁运鹏，于黎. 翼手目（蝙蝠）适应性进化分子机制的研究进展 [J]. 遗传，2015（1）：25-33.

[10] 罗波. 蝙蝠回声定位声波与激进叫声的进化机制研究 [D]. 长春: 东北师范大学, 2017.
[11] 罗峰, 张劲硕. 另类军备竞赛: 蝙蝠 vs 昆虫 [J]. 科技潮, 2005 (7): 46–47.
[12] 马杰, 梁冰, 张树义, 等. 食鱼蝙蝠形态和行为特化研究 [J]. 生态学杂志, 2004 (2): 76–79.
[13] 马杰, 张金国, 张恩泉, 等. 狐蝠对森林生态系统的作用 [J]. 生态学杂志, 2004 (3): 115–119.
[14] 马杰, 梁冰, 张劲硕, 等. 北京地区大足鼠耳蝠主要食物及其食性组成的季节变化 [J]. 动物学报, 2005 (1): 7–11.
[15] 沈斌. 蝙蝠代谢基因分子进化遗传学研究 [D]. 上海: 华东师范大学, 2014.
[16] 谭伟龙, 王依, 杨露, 等. 蝙蝠携带重要人兽共患病毒研究进展 [J]. 寄生虫与医学昆虫学报, 2016 (3): 183–190.
[17] 王晓云. 翼手目超科系统发育关系的探讨 [D]. 广州: 广州大学, 2017.
[18] 严延生. 蝙蝠作为我国人兽共患病病原储存宿主的意义 [J]. 中国人兽共患病学报, 2019 (8): 677–682.
[19] 杨安峰. 似鸟非鸟的蝙蝠 [M]. 长沙: 湖南少年儿童出版社, 1987.
[20] 杨春成. 读“用夜明砂为主药治疗青光眼经验介绍”一文后提出与李墨林同志商榷 [J]. 辽宁中医, 1979 (5): 47.
[21] 杨兴娄, 葛行义, 胡犇, 等. 埃博拉病毒病流行病学 [J]. 浙江大学学报 (医学版), 2014 (6): 621–645.
[22] 尹秋媛. 冬眠蝙蝠脑蛋白质组学及抗氧化防御的研究 [D]. 上

海：华东师范大学，2016.

[23] 张成菊，吴毅. 广州市民对蝙蝠和鸟类的认识及食用状况分析［J］. 四川动物，2007（1）：97-100.

[24] 张建鑫. 中国蝙蝠主题图案研究［D］. 南京：南京师范大学，2019.

[25] 张劲硕，吴海峰. 蝙蝠与超声波、回声定位（1）［J］. 生物学通报，2015（3）：1-5.

[26] 张劲硕，吴海峰. 蝙蝠与超声波、回声定位（2）［J］. 生物学通报，2015（4）：5-9.

[27] 张劲硕. 蝙蝠之美［J］. 森林与人类，2017（7）：54-63.

[28] 张劲硕. 蝙蝠是福是祸？［J］. 中国国家地理，2020（3）：73-87.

[29] 张劲硕. 蝙蝠：低调的兽族豪门［J］. 博物，2020（4）：14-21.

[30] 张璐. 浅析汉英语言中“蝙蝠”的文化内涵［J］. 西安社会科学，2010（4）：103-104.

[31] 张树义，王晓燕，汪松，等. 蝙蝠的食肉性、食鱼性和食血性［J］. 生物学通报，1997（8）：12-14.

[32] 张树义，王晓燕，汪松，等. 蝙蝠的食果性、食蜜性［J］. 生物学通报，1997（9）：11-12.

[33] 张树义. 蝙蝠环志：一个科学家的发现与探索手记［M］. 成都：四川少年儿童出版社，2004.

[34] 周全，蔡月玲，吴毅. 广州蝙蝠与“蝠”文化调查［J］. 广东农业科学，2012（4）：123-124.

[35] 祖述宪. 关于传统动物药及其疗效问题［J］. 安徽医药，2002（3）：1-6.

[外文文献]

[1] Ahn M, Cui J, Irving A T, et al. Unique loss of the PYHIN gene family in bats amongst mammals: implications for inflammasome sensing [J] . Scientific Reports, 2016, 6: 21722.

[2] Ahn M, Anderson D E, Zhang Q, et al. Dampened NLRP3-mediated inflammation in bats and implications for a special viral reservoir host [J]. Nature Microbiology, 2019, 4(5): 789–799.

[3] Amador L I, Simmons N B, Giannini N P. Aerodynamic reconstruction of the primitive fossil bat *Onychonycteris finneyi* (Mammalia: Chiroptera) [J]. Biology Letters, 2019, 15(3): 20180857.

[4] Andersen K G, Rambaut A, Lipkin W I, et al. The proximal origin of SARS-CoV-2 [J]. Nature Medicine, 2020, 26(4): 450–452.

[5] Balboni A, Battilani M, Prosperi S. The SARS-like coronaviruses: The role of bats and evolutionary relationships with SARS coronavirus [J] . New Microbiologica, 2012, 35(1): 1–16.

[6] Boyles J G, Cryan P M, McCracken G F, et al. Economic importance of bats in agriculture [J]. Science, 2011, 332(6025): 41–42.

[7] Calisher C H, Childs J E, Field H E, et al. Bats: important reservoir hosts of emerging viruses [J]. Clinical Microbiology Reviews, 2006, 19(3): 531–545.

[8] Dawson W R. Bats as materia medica [J]. Annals and Magazine of Natural History, 1925, 16(92): 221–227.

[9] Ge X, Li J, Yang X, et al. Isolation and characterization of a bat SARS-

like coronavirus that Uses the ACE2 Receptor [J]. Nature, 2013, 503(7477): 535.

[10] Griffin D R. Audible and ultrasonic sounds of bats [J]. Experientia, 1951, 7(12): 448–453.

[11] Gunnell G F, Simmons N B. Fossil evidence and the origin of bats [J]. Journal of Mammalian Evolution, 2005, 12(1–2): 209–246.

[12] Hand S J, Sigé B, Archer M, et al. A new early eocene (Ypresian) bat from Pourcy, Paris Basin, France, with comments on patterns of diversity in the earliest chiropterans [J]. Journal of Mammalian Evolution, 2015, 22(3): 343–354.

[13] Hu B, Zeng L, Yang X, et al. Discovery of a rich gene pool of bat SARS-related coronaviruses provides new insights into the origin of SARS coronavirus [J]. PLoS Pathog, 2017, 13(11): e1006698.

[14] Jepsen G L. Early eocene bat from Wyoming [J]. Science, 1966, 154(3754): 1333–1339.

[15] Jones G, Teeling E C. The evolution of echolocation in bats [J]. Trends in Ecology & Evolution, 2006, 21(3): 149–156.

[16] Li W, Shi Z, Yu M, et al. Bats are natural reservoirs of SARS-like coronaviruses [J]. Science, 2005, 310(5748): 676–679.

[17] Llewellyn-Jones L, Lewis S. The Culture of Animals in Antiquity: A Sourcebook with Commentaries [M]. New York: Routledge, 2017.

[18] Luis A D, Hayman D S, O' Shea T J, et al. A comparison of bats and rodents as reservoirs of zoonotic viruses: Are bats special? [J]. Proceedings: Biological Sciences, 2013, 280(1756): 1–9.

[19] McCracken G F. Vampires: The real story [J]. Bats, 1991, 9(1):

11–16.

[20] McCracken G F. Bats and human hair [J]. Bats, 1992, 10(2): 15–16.

[21] McCracken G F. Bats in magic, potions and medicinal preparations[J]. Bats, 1992, 10(3): 14–15.

[22] McNeill W. Plagues and Peoples [M]. New York: Anchor Press/ Doubleday, 1976.

[23] Rydell J, Eklöf J, Riccucci M. Cimetière du Père-Lachaise. Bats and Vampires in French Romanticism [J]. Journal of Bat Research & Conservation, 2018, 11(1): 83–91.

[24] Schiødt S. Papyrus Carlsberg 8: Ægyptiske øjenremedier i den senere medicinske tradition [J]. Paryrus, Ægyptologisk Tidsskrift, 2016, 36(2): 18–25.

[25] Schmidt-French B A, Butler C A. Do Bats Drink Blood?: Fascinating Answers to Questions about Bats [M]. New Brunswick: Rutgers University Press, 2009.

[26] Schountz T, Baker M L, Butler J, et al. Immunological control of viral infections in bats and the emergence of viruses highly pathogenic to humans [J]. Frontiers In Immunology, 2017(8): 1098.

[27] Sears K E, Behringer R R, Rasweiler J J, et al. Development of bat flight: Morphologic and molecular evolution of bat wing digits [J] . Proceedings of the National Academy of Sciences of the USA, 2006, 103(17): 6581–6586.

[28] Simmons N B, Seymour K L, Habersetzer J, et al. Primitive early eocene bat from wyoming and the evolution of flight and echolocation [J] . Nature, 2008, 451(7180): 818–821.

[29] Subudhi S, Rapin N, Misra V. Immune system modulation and viral persistence in bats: Understanding viral spillover [J]. Viruses, 2019, 11(2): 192.

[30] Tabuce R, Antunes M T, Sigé B. A new primitive bat from the earliest eocene of Europe [J]. Journal of Vertebrate Paleontology, 2009, 29(2): 627–630.

[31] Teeling E C, Springer M S, Madsen O, et al. A molecular phylogeny for bats illuminates biogeography and the fossil record [J]. Science, 2005, 307 (5709): 580–584.

[32] Utzurrum R C, Heideman P D. Differential ingestion of viable vs nonviable ficus seeds by fruit bats [J]. Biotropica, 1991, 23(3): 311–312.

[33] Voigt C C, KingstonVoigt T. Bats in the Anthropocene: Conservation of Bats in a Changing World [M]. Cham: Springer International Publishing AG, 2016.

[34] Wang L, Cowled C. Bats Viruses: A New Frontier of Emerging Infectious Diseases [M]. New Jersey: John Wiley, Sons, Inc. , 2015.

[35] Wang Z, Zhu T, Xue H, et al. Prenatal development supports a single origin of laryngeal echolocation in bats [J]. Nature Ecology, Evolution, 2017, 1(2): 1–5.

[36] Wu Z, Yang L, Ren X, et al. Deciphering the bat virome catalog to better understand the ecological diversity of bat viruses and the bat origin of emerging infectious diseases [J]. The ISME Journal, 2015, 10(3): 609–620.

[37] Xie J, Li Y, Shen X, et al. Dampened sting-dependent interferon

activation in bats [J]. Cell Host & Microbe, 2018, 23(3): 297.

[38] Zhang Y, Holmes E C. A genomic perspective on the origin and emergence of SARS-CoV-2 [J]. Cell, 2020, 181(2): 223–227.

[39] Zhou P, Tachedjian M, Wynne J W. Contraction of the type I IFN locus and unusual constitutive expression of IFN-α in bats [J]. Proceedings of the National Academy of Sciences of the USA, 2016, 113(10): 2696–2701.